U0244648

中国高等教育"十三五"规划教材

Adobe

中文版

Premiere Pro CC

艺术
设计

实训案例教程

潘明歌 / 编著

中国青年出版社
CHINA YOUTH PRESS 中青雄狮

图书在版编目（CIP）数据

中文版Premiere Pro CC艺术设计实训案例教程/ 潘明歌编著.
— 北京: 中国青年出版社，2015.10
ISBN 978-7-5153-3844-6
I.①中… II.①潘… III.①视频编辑软件–教材 IV.①TN94
中国版本图书馆CIP数据核字（2015）第220001号

中文版Premiere Pro CC艺术设计实训案例教程
潘明歌　编著

出版发行：	中国青年出版社
地　　址：	北京市东四十二条21号
邮政编码：	100708
电　　话：	（010）50856188 / 50856199
传　　真：	（010）50856111
企　　划：	北京中青雄狮数码传媒科技有限公司

策划编辑：	张　鹏
责任编辑：	刘冰冰
封面设计：	彭　涛　吴艳蜂

印　　刷：	北京瑞禾彩色印刷有限公司
开　　本：	787×1092　1/16
印　　张：	15
版　　次：	2016 年 1 月北京第 1 版
印　　次：	2019 年 3 月第 3 次印刷
书　　号：	ISBN 978-7-5153-3844-6
定　　价：	49.80元（附赠1DVD，含语音视频教学+案例素材文件+PPT课件）

本书如有印装质量等问题，请与本社联系　电话：（010）50856188 / 50856199
读者来信：reader@cypmedia.com
如有其他问题请访问我们的网站：http://www.cypmedia.com.cn

PREFACE

中文版
Premiere Pro CC
艺术设计实训案例教程
前　言

首先，感谢您选择并阅读本书。

Adobe Premiere Pro CC是一款功能强大的视频编辑软件，现已广泛应用于广告制作和电视节目制作中。该软件拥有广泛的格式支持，强大的项目、序列和剪辑管理，以及精确的音频控制，高效的无带化流程与元数据流程，且可以与Adobe公司推出的其他软件相互协作，深受广大用户的亲睐。目前，市场上与之相关的图书层出不穷，但由于受传统出版思路和教学方法的影响，市面上相当一部分图书都存在理论讲解与实际应用无法完全融合的尴尬，这使得读者在学习过程中会感到知识的连贯性差，在学习理论知识后，实际操作软件时会遇到不知如何下手的困惑。基于此，我们组织了富有经验的一线教师兼视频后期编辑专家编写了本书，目的是让读者所学即所用，以达到一定的职业技能水平。潘明歌，女，1973年出生，1997年毕业于鲁迅美术学院，就职于郑州轻工业学院，现为郑州轻工业学院艺术设计学院动画系主任、副教授、硕士生导师，主要研究方向为动画创作及理论研究、动画产业发展及应用研究。

本书以最新版的Premiere Pro CC为写作基础，围绕视频剪辑与效果设计展开介绍，以"理论+实例"的形式，对Premiere Pro CC的相关知识进行了全面的阐述，更加突出地强调知识点的实际应用性。书中每一实例的制作都给出了详细的操作步骤，同时还贯穿了作者在实际工作中得出的实战技巧和经验。正所谓要"授人以渔"，读者不仅可以掌握这款视频编辑软件，还能利用它独立完成各种视频片段的创作。

本书内容概述

章　节	内　容
Chapter 01	主要介绍了Premiere Pro 的发展、应用，新版本的新增功能、工作界面，以及视频剪辑的基本流程
Chapter 02	主要介绍了素材的准备与编辑，包括数字视频的采集、模拟视频的采集、其他素材的导入、素材的编排与归类等
Chapter 03	主要介绍了视频剪辑的必备知识，包括监视器窗口剪辑素材、时间线上剪辑素材、项目窗口创建素材等
Chapter 04	主要介绍了字幕的设计，包括字幕的创建方法、字幕设计面板的使用、为字幕添加艺术效果、学会应用字体库等
Chapter 05	主要介绍了视频过渡效果的应用，比如3D运动、伸缩、划像、擦除、映射、溶解、滑动、缩放、页面剥落等
Chapter 06	主要介绍了内置视频特效与外挂视频特效的应用
Chapter 07	主要介绍了音频的剪辑与调节，包括音频的分类、音频控制台、音频的编辑、音频特效的制作等
Chapter 08	主要介绍了项目的渲染与输出设置方法
Chapter 09～12	以综合案例的形式依次介绍了图书宣传短片、网络微视频、抗战影视宣传片的制作方法与技巧

赠送超值光盘

为了帮助读者更加直观地学习本书，随书附赠的光盘中包括如下学习资料：

- 书中全部实例的素材文件，方便读者高效学习；
- 书中课后实践文件，以帮助读者加强练习，真正做到熟能生巧；
- 语音教学视频，手把手教你学，扫除初学者对新软件的陌生感。

适用读者群体

本书既可作为了解Premiere各项功能和最新特性的应用指南，又可作为提高用户设计和创新能力的指导。本书适用于以下读者：

- 广告公司人员；
- 影视后期制作人员；
- 多媒体设计人员；
- 视频制作爱好者。

本书由艺术设计专业一线教师所编写，全书在介绍理论知识的过程中，不但穿插了大量的图片进行佐证，还提供上机实训作为练习，从而加深读者的学习印象。在本书的编写过程中，多位老师倾注了大量心血，但恐百密之中仍有疏漏，恳请广大读者及专家不吝赐教。

编　者

中文版
Premiere Pro CC
艺术设计实训案例教程

目　录

Part 01　基础知识篇

Chapter **01** Premiere Pro CC 入门

Chapter **02** 素材的准备与编辑

Chapter **03** 视频剪辑必备知识

中文版Premiere Pro CC艺术设计实训案例教程

Chapter 04 字幕的设计

Chapter 05 视频过渡效果的应用

Chapter 06 视频特效的应用

Part 02 综合案例篇

Chapter 09 制作图书宣传短片

Chapter 10 制作网络微视频

Chapter 11 制作抗战影视宣传片

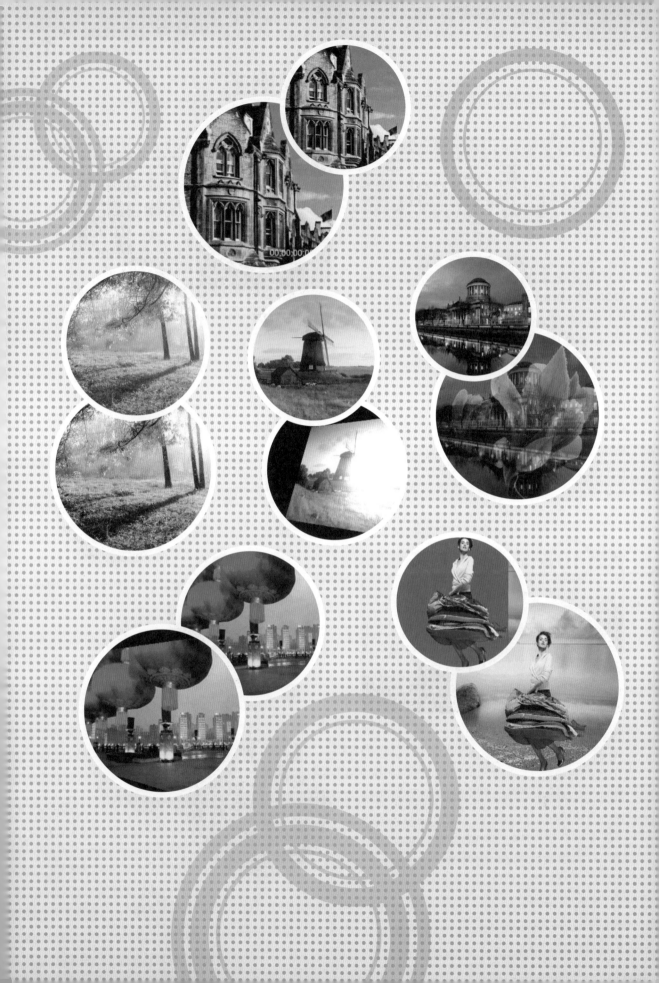

PART

01

基础知识篇

前8章是基础知识篇，主要对Premiere Pro CC各知识点的概念及应用进行详细介绍，熟练掌握这些理论知识，将为后期综合应用中大型案例的学习奠定良好的基础。

本章概述

在数字视频编辑领域中，Premiere Pro CC可以说是功能最为强大、最流行的非线性编辑软件。该软件还广泛应用于专业视频数码处理、字幕制作、多媒体制作、辅助教学以及视频短片编辑与输出等领域。本章将对Premiere Pro CC的工作界面、功能特性等知识进行讲解。

核心知识点

❶ Premiere Pro CC的应用领域
❷ Premiere Pro CC的新功能
❸ Premiere Pro CC的工作界面
❹ Premiere Pro CC的基本操作

1.1 初识Premiere Pro CC

在正式学习Premiere之前，先来了解一下它的发展历史、应用领域，以及Premiere Pro CC版本的新增功能和特性。

1.1.1 Premiere Pro的发展

Premiere 最早是Adobe公司基于苹果（Macintosh）平台开发的视频编辑软件，它集视音频编辑于一身。在经历了十几年的发展后，其功能不断扩展，被业界广泛认可，成为数字视频领域普及程度最高的编辑软件之一。

2003年7月，Adobe公司发布了Premiere的第七个正式版本——Premiere Pro。

2004年6月，Adobe公司在对Premiere Pro进行部分升级后，推出了Premiere Pro1.5版本。

2006年1月，Adobe公司正式发布了Production Studio软件套装，其中包括After Effects 7.0、Premiere Pro 2.0、Audition 2.0、Encore DVD 2.0、Photoshop CS2和Illustrator 8.0等，为高效数字视频设立了新的标准。

2007年3月，Adobe公司再次对其产品进行整合，整合之后正式发布Creative Suite3设计套装软件，简称Adobe CS3。

2008年9月，Adobe公司再次对CS3进行升级，这是最大规模的一次产品升级，正式发布了Premiere Pro CS4。

2010年，Adobe公司推出Premiere Pro CS6，该软件原生64位程序，大内存多核心极致发挥；水银加速引擎，对支持加速的特效无渲染实时播放。

2012年，Adobe公司发布的Premiere Pro CS6的软件界面重新规划，删掉了大量的按钮和工具栏，去繁从简，推崇简约设计，但一些老用户对此颇有微词。

2014年6月，Adobe公司发布的Premiere Pro CC，添加创意云CreativeCloud，内置动态链接；继续加强界面设计，水银加速新增支持AMD显卡；原生官方简体中文语言支持。是目前最高版本的软件。

Adobe Premiere Pro CC的启动界面如下图所示。

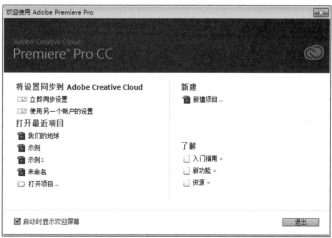

1.1.2 Premiere Pro的应用

Adobe Premiere Pro作为功能最强大的多媒体视频、音频编辑软件，应用范围广泛，制作效果美不胜收，是视频爱好者们使用最多的视频编辑软件之一。

Premiere Pro应用范围包括：广告和电视节目制作、专业视频数码处理、字幕制作、多媒体制作、视频短片编辑与输出、企业视频演示等，下图为一些视频片段截图。

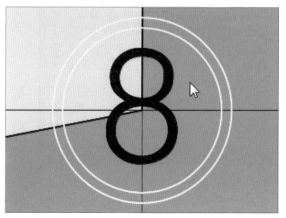

1.1.3　Premiere Pro CC新功能

　　最新版的Adobe Premiere Pro CC在Premiere Pro CS6的基础上进行了重要的改进，完善了一些编辑功能并增加了多项新功能，下面将介绍Premiere Pro CC中增加的主要新功能。

1. 全新的Adobe Creative Cloud同步设置

　　创新的Adobe Creative Cloud云端同步功能，可让用户将常规首选项、键盘快捷键、预设项目和资源库同步到Creative Cloud，然后在其他电脑上下载并直接应用。此外，用户也可以在包含其他用户软件许可副本的计算机上下载和使用设置。利用此功能，多个用户可在同一台计算机上使用自己的个人设置。

　　在Premiere Pro CC中加入了Adobe Anywhere。Adobe Anywhere是面向视频制作的私有云服务，可以使分布在不同地方的制作团队成员使用Adobe专业视频工具通过互联网协同作业，并能直接在云端服务器中生成高码流的作品文件。Adobe Anywhere可与Adobe Creative Cloud形成互补，使企业级的工作达到深层次的协作。

2. 时间轴面板的改进

　　Premiere Pro CC的时间轴面板经过重新设计可进行自定义设置，用户可以选择要显示的内容并立即访问控件。此外还可以通过音量和声像、录制以及音频计量轨道控件更加快速而有效地完成工作。时间轴面板中的轨道头现在可以自定义，并可以确定显示哪些控件。用户可轻松地将源序列编辑到其他序列中，而无需进行嵌套，也可以通过增强的粘贴属性将一个剪辑的效果复制到另一个剪辑。

3. 用户界面的改进

　　Premiere Pro CC提供了HiDPI支持，增强了高分辨率用户界面的显示体验。最新款的监视器（如Apple的Retina Mac计算机，包括MacBook Pro的新型号）支持HiDPI显示。

　　用户界面的其他改进包括：标题和动作安全指南；单击一次即可在视频与音频波形之间进行切换；使用多个项目面板窗口；打开和关闭工具提示等。

4. 链接媒体功能的改进

当用户移动、重命名文件，或将文件转码为其他格式，Premiere Pro CC可通过新增的"链接媒体"对话框帮助用户查找并重新链接这些文件。

当用户打开包含脱机媒体的项目时，"链接媒体"对话框会提供诸如文件名、上次已知的路径以及元数据属性等信息。根据这些信息，用户便可以通过Premiere Pro快速查找并重新链接媒体，使其返回在线状态以便在项目中使用。

5. 音频编辑功能的改进

Premiere Pro CC新增的音频剪辑混合器面板，可以配合音轨混合器面板来对音频内容的编辑进行更完善的处理。音轨混合器面板主要用于对时间轴窗口的音频内容进行查看和处理，以及进行录制音频等操作。音频剪辑混合器面板则主要用于监视和调整音频内容，不能录制音频。如果当前处于关注状态的是时间轴窗口，那么在音轨混合器面板和音频剪辑混合器面板中，都可以对所选择的音频对象进行监视和处理；如果是在源监视器窗口查看素材剪辑的原始内容，将只有音频剪辑混合器面板可以工作，查看和调整素材剪辑本身的音频内容。

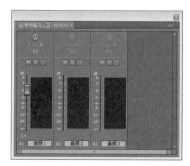 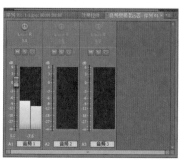

6. 集成Lunmetri色彩校正引擎

Premiere Pro CC现在包含Lumetri Deep Color Engine，用户可以从Premiere Pro中的序列即时应用 SpeedGrade颜色校正图层和预制的查询表（LUT）。并且为所有特效提供了应用效果预览，可以很方便地为序列中的图像应用需要的颜色调整，快速制作具有特殊风格化的视觉影片。

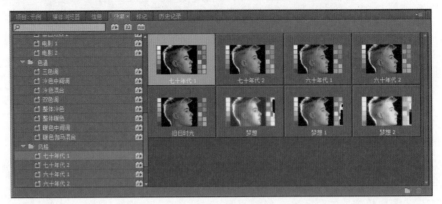

除了以上介绍的新功能外，在Premiere Pro CC中还有其他多项功能的改进，例如，可以自定义时间轴的轨道头，新增音频增效工具管理器，允许用户利用多核GPU进行多任务排队渲染，新增隐藏字幕功能，多机位自动同步等功能。

1.2　Premiere Pro CC的操作界面

Premiere Pro CC采用了一种面板式的操作环境，整个用户界面由多个活动面板组成，数码视频的后期处理就是在各种面板中进行的。下面将对Premiere Pro CC的各个操作面板、功能面板及主菜单栏进行详细地讲解。

1.2.1　菜单栏

菜单栏分为文件、编辑、剪辑、序列、标记、字幕、窗口和帮助等8组菜单选项，每个菜单选项代表一类命令。

1.2.2　项目面板

项目面板用于对素材进行导入、存放和管理，如下图所示。该面板可以用多种方式显示素材，包括素材的缩略图、名称、类型、颜色标签、出入点等信息；也可为素材分类、重命名素材、新建素材等。

1.2.3 监视器面板

监视器面板是显示音、视频节目编辑合成后的最终效果，用户可通过预览最终效果来估算编辑的效果与质量，以便进行进一步的调整和修改，该面板如下图所示。

在监视器面板的右下方有"提升"、"提取"按钮，可以用来删除序列中选中的部分内容；单击右下角的"导出单帧"按钮，打开"导出单帧"对话框，可以将序列单独导出为单帧图片。

1.2.4 时间线面板

时间线面板是Premiere中最主要的编辑面板，如下图所示。在该面板中可以按照时间顺序排列和连接各种素材，可以剪辑片段、叠加图层、设置动画关键帧和合成效果等。时间线还可多层嵌套，该功能对制作影视长片或者复杂特效十分有用。

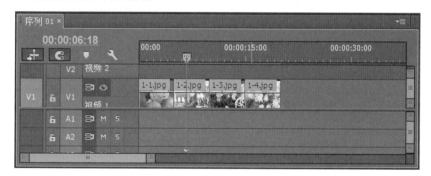

1.2.5 工具面板

工具面板中存放着多种常用操作工具，这些工具主要用于在时间线面板中进行编辑操作，如选择、移动、裁剪等，右图为工具面板。

1.2.6 自定义工作区

Premiere Pro CC提供了"编辑"、"效果"等多种预设布局，用户可以根据自身编辑习惯来选择其中一种布局模式。选择的布局模式并不是不可变化的，用户可以对当前的布局模式进行编辑，例如调整部分面板在操作界面中的位置、取消某些面板或者面板在操作界面中的显示等。在任意一个面板右上角单击扩展按钮，在弹出的扩展菜单中执行"浮动面板"命令，如下左图所示，即可将当前面板脱离操作界面，如下右图所示。

实例01 重置当前工作界面

当调整后的界面布局并不适用于编辑需要时，用户可以将当前布局模式重置为默认的布局模式。重置布局模式的命令为"窗口>工作区>重置当前工作区"，下面将对其具体的设置操作进行介绍。

01 依次执行"窗口>工作区>重置当前工作区"命令，如下图所示。

02 完成上述操作后，即可查看重置后的工作区效果，如下图所示。

中文版Premiere Pro CC艺术设计实训案例教程

018

1.3 视频剪辑的基本操作流程

本节将介绍运用Premiere Pro CC视频编辑软件进行影片编辑的工作流程。通过本节的学习，用户可了解如何把零散的素材整理制作成完整的影片。

1.3.1 前期准备

要制作一部完整的影片，首先要有一个优秀的创作构思将整个故事描述出来，确立故事的大纲。随后根据故事的大纲做好详细的细节描述，以此作为影片制作的参考指导。脚本编写完成之后，按照影片情节的需要准备素材。素材的准备工作是一个复杂的过程，一般需要使用DV等摄像机拍摄大量的视频素材，另外也需要收集音频和图片等素材。

1.3.2 设置项目参数

要使用Premiere Pro CC编辑一部影片，首先应创建符合要求的项目文件，并将准备的素材文件导入至"项目"面板中备用。设置项目参数包括以下几点：一是在新建项目时，设置的项目参数；二是在进入编辑项目之后，可执行"编辑＞首选项"子菜单中的命令，来设置软件的工作参数。新建项目时，设置的项目参数主要包括序列的编辑模式、帧大小和轨道参数。

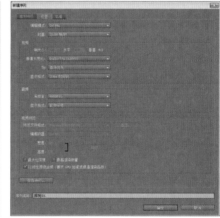

1.3.3 导入素材

在新建项目之后，接下来需要做的是将待编辑的素材导入到Premiere的项目面板中，为影片编辑做准备。一般的导入素材的方法是执行"文件＞导入"命令，如下左图所示，在弹出的"导入"对话框中选择要导入的素材。在实际操作中，用户也可以直接在项目面板的空白处双击，弹出"导入"对话框并导入素材，如下右图所示。

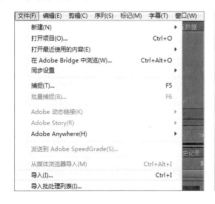

1.3.4 编辑素材

导入素材之后，接下来应在时间线面板中对素材进行编辑等操作。编辑素材是使用Premiere编辑影片的主要内容，包括设置素材的帧频、画面比例、素材的三点和四点插入法等，这部分内容将在后面详细讲解。

1.3.5 导出项目

编辑完项目之后，就需要将编辑的项目进行导出，以便于其他编辑软件编辑。导出项目包括两种情况：导出媒体和导出编辑项目。其中，导出媒体即是将已经编辑完成的项目文件导出为视频文件，一般应该导出为有声视频文件，且应根据实际需要为导出影片设置合理的压缩格式。若要导出媒体，需在"导出设置"对话框中设置相应的媒体参数，如右图所示。导出编辑项目包括导出到Adobe Clip Tape、回录至录影带、导出到EDL和导出到OMP等。

 ## 知识延伸：视频处理基础知识

在使用Premiere Pro CC编辑视频前，先了解一下有关视频编辑的理论知识和专业术语，下面将对其进行简要介绍。

1. 帧和帧频

帧和帧频是视频处理的基础知识，理解并掌握帧和帧频是进行视频非线性编辑的关键。

- **帧**：视频动画及电影都是由连续的静态图像构成的，相邻画面之间的差别很小，在高速连续播放静态图像时，由于人眼的视觉暂留原理，会认为画面是一个不间断的动画，这些连续画面中的每一幅图像就称为一帧。
- **帧频**：帧频（Frame Per Second）简称FPS，指在1秒钟时间里传输的图片帧数，也可以理解为图形处理器每秒钟能够刷新几次，单位为fps。较高的帧频可以得到更流畅、更逼真的动画效果。

2. 分辨率

分辨率指一个画面中所包含的像素数量，通常以ppi（每英寸像素）为单位。分辨率越高，所包含的数据越多，表现的细节也越丰富，但也需要耗用更多的资源；分辨率越低，所包含的数据越少，图像效果也就越差。

例如，一个画面的水平方向每一行有800个像素，垂直方向每一列有600个像素，那么该画面就包含了800×600=480000个像素。无论视频还是图像，越高的分辨率可以保留越多的颜色信息和画面细节，并可在保持画面质量的情况下进行放大。若分辨率太低，放大后画面会显得比较模糊或者粗糙。

3. 电视制式

全球通用的彩色广播电视制式只有3种：NTSC、PAL和SECAM。

- **NTSC制式**：是美国在1953年12月首先研制成功的，并以美国国家电视系统委员会（National Television System Committee）的缩写命名，频率为每秒29.97帧。

- **PAL制式**：PAL是英文Phase Alternatiog Line（逐行倒相）的缩写，是德国在1962年制定的彩色电视广播准，该制式采用逐行倒相正交平衡调幅的技术方法，克服了NTSC制式相位敏感造成色彩失真的缺点，其频率为每秒25帧。德国、英国等一些欧洲国家，新加坡、中国内地及香港、澳大利亚等国家和地区采用该制式。
- **SECAM制式**：SECAM是法文的缩写，意为顺序传送彩色信号与存储恢复彩色信号制，是法国在1956年提出、1966年制定的彩色电视制式，使用该制式频率的国家主要集中在法国、东欧和中东一带。

 上机实训：新建项目及序列

下面将介绍在Premiere Pro CC中新建项目和序列等的具体操作方法。

1. 新建项目

步骤 01 在"新建项目"对话框中设置项目的保存路径、项目名称，然后单击"确定"按钮，如下图所示。

步骤 02 弹出"新建序列"对话框，在"序列预设"选项卡中设置预设参数，单击"确定"按钮，如下图所示。

2. 导入素材

步骤 01 打开Premiere Pro CC应用程序，执行"文件>导入"命令，如下图所示。

步骤 02 在弹出的"导入"对话框中选择素材，如下图所示。

3. 选择素材

步骤 01 单击"打开"按钮之后，被选择的素材即被导入到项目面板中，如下图所示。

步骤 02 在项目面板中，选中被导入的两个素材文件，如下图所示。

4. 拖动时间滑块并设置参数

步骤 01 在时间线面板中，将时间滑块拖动至开始处，如下图所示。

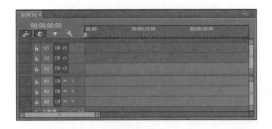

步骤 02 在项目面板的工具栏中，单击"自动匹配序列"按钮，在弹出的"序列自动化"对话框中设置相应的参数，如下图所示。

5. 浏览编辑效果

步骤 01 单击"序列自动化"对话框中的"确定"按钮。在时间线面板中，可以看到两个素材被插入到"视频1"轨道中，素材连接处添加了"交叉叠化"转场特效，如下图所示。

步骤 02 在监视器面板中，拖动时间滑块，浏览自动成为序列的两个素材之间的过渡效果，素材之间的过渡效果如下图所示。

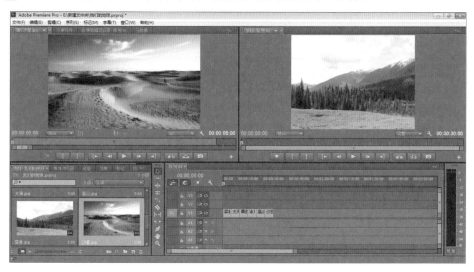

课后实践

1.新建一个名为"我们的地球"项目文件,并导入"地球"文件夹里的素材。

操作要点

01 启动Premiere Pro CC,新建项目并选择保存路径;

02 分别用"文件>新建>序列"命令和组合键Ctrl+N两种方式新建序列,并设置相关参数;

03 分别用"文件>导入"命令和在项目面板双击两种方式导入素材。

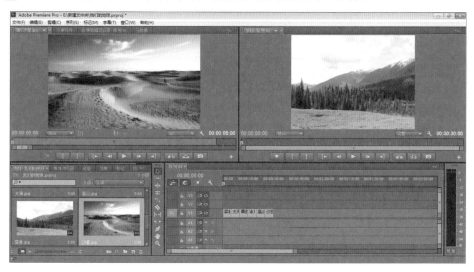

2. 把"地球"文件夹里的"大海.jpg"文件名改为"海洋.jpg",通过新增的"链接媒体"对话框查找并重新链接该文件。

操作要点

01 把"大海.jpg"文件名改为"海洋.jpg";

02 分别用"文件>新建>序列"命令和Ctrl+N快捷键两种方式新建序列,并设置相关参数;

03 在弹出的"链接媒体"对话框中单击"查找"按钮,利用查找功能快速定位目标位置并执行链接。

Chapter 02 素材的准备与编辑

本章概述

在影视编辑过程中，确定视频主体和制作方案之后，最重要的就是收集和整理素材，以及对素材进行编辑处理工作。本章将对素材的准备与编辑操作进行详细介绍，通过对本章的学习，读者可以熟悉素材的准备过程，掌握素材后期处理的方法。

核心知识点

❶ 素材的采集
❷ 素材的导入
❸ 素材的编排与归类

2.1 采集素材

素材的来源有多种，有些用户的素材资源较多，在制作影片时，可以大量使用这些现成的素材，但即使是素材较多的用户，也必须掌握素材的采集知识。本节将为读者介绍视频采集的分类、采集数字视频以及采集模拟视频等知识。

2.1.1 视频采集的分类

摄影机采集视频素材分为两种情况，一种是采集数字视频，另一种是采集模拟视频。这两种采集的原理不同，使用的硬件要求也不一样。

数字视频是使用DV数码摄影机拍摄的数字信号，由于其本身就是采用二进制编码的数字信息，而计算机也是使用数字编码处理信息的，因此只需要将视频数字信号直接传输到计算机中保存即可。采集数字视频素材时除了需要摄影机以外，还需要计算机中安装有1394接口卡，才能将DV中的数字视频信号传输到计算机中。

模拟视频是使用模拟摄影机拍摄的模拟信息，该信息是一种电磁信号，在采集的时候通过播放解码图像，再将图像编码成数字信号保存到计算机中。相对于数字视频的采集过程而言，模拟视频的采集过程要复杂一些，对硬件的要求更高。在采集模拟视频的过程中丢失信息是必然的，因此效果比数字视频差。由于模拟视频的这个缺点，它正逐渐被数字视频所取代。

2.1.2 采集数字视频

采集数字视频主要是指从DV数字摄影机中采集的视频素材，在进行数字视频采集之前需要在Premiere Pro CC软件中对各种与采集相关的参数进行设置，才能保证采集工作的顺利进行，并保证视频素材的采集质量。

在采集视频素材之前，先要确保摄影机已经通过1394接口与计算机相连接，并且打开摄影机的电源开关、设置摄影机为播放工作模式，然后开始采集视频素材。

2.1.3 采集模拟视频

采集模拟视频，需要在计算机上安装一块带有AV复合输入端子或者S端子的视频采集卡。采集时，首先要在模拟设备中播放视频，模拟的视频信号通过AV复合输入端子或者S端子传输到采集卡，然后使用采集卡对该信号进行采集并转化为数字信号保存到计算机硬盘指定位置。一般在采集过程中均需要对采集的视频信号进行压缩编码，以节省计算机硬盘空间。

2.2 导入素材

Premiere Pro CC支持图像、视频、音频等多种类型和文件格式的素材导入，这些素材的导入方式基本相同。将准备好的素材导入到项目窗口中，可以通过不同的操作方法来完成。本节将为读者介绍三种导入素材的操作方法：直接导入、从"媒体浏览器"面板导入以及通过命令导入。

2.2.1 通过命令导入素材

方法一：依次执行"文件>导入"命令，在弹出的"导入"对话框中展开素材的保存目录，选择需要导入的素材文件，然后单击"打开"按钮，即可将选择的素材导入到项目面板中，如下左图所示。

方法二：在项目面板的空白处单击鼠标右键，选择"导入"命令，或是双击鼠标左键，在弹出的"导入"对话框中展开素材的保存目录，选择需要导入的素材文件，然后单击"打开"按钮，即可将选择的素材导入到项目面板中，如下右图所示。

 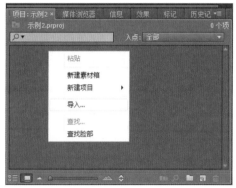

2.2.2 从"媒体浏览器"面板导入素材

在"媒体浏览器"面板中展开所需素材文件的保存文件夹，将素材文件选中，然后单击鼠标右键并选择"导入"命令，即可完成指定素材的导入，如下图所示。

2.2.3 直接拖入外部素材

在Premiere Pro CC中，导入素材可以通过直接拖入完成，在文件夹中选择需要导入的素材文件，然后按住鼠标左健并拖动到项目面板中，就可以快速实现素材的导入，如下图所示。

2.3 素材编排与归类

素材的编排与归类包括对素材文件进行重命名、自定义素材标签色、创建文件夹进行分类管理等。本节将向读者详细地介绍素材编排与归类的具体内容和操作方法。

2.3.1 设置素材属性

对于素材文件，可以通过"解释素材"对话框来修改其属性，包括设置"帧速率"、"屏纵横"、"透明通道"等参数，以及观察素材的属性值。

在项目面板中，选中素材，单击鼠标右键后，执行"修改>解释素材"命令，或是执行"剪辑>修改>解释素材"命令，打开"解释素材"对话框，如下图所示。

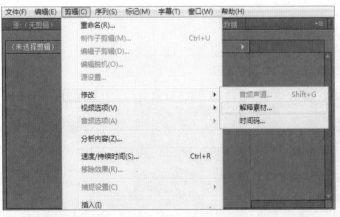

2.3.2 重命名素材

素材文件一旦导入到项目面板中，就会和其源文件建立链接关系。对项目面板中的素材文件进行重命名往往是为了方便在影视编辑操作过程中更容易进行识别，但并不会改变源文件的名称。

选择项目面板中的素材对象之后，执行"剪辑>重命名"命令或是按下Enter键，在素材名称变成可编辑的状态时，输入新的名称即可，如下图所示。

素材文件一旦添加到序列面板中，就成为一个素材剪辑，也会和项目面板中的素材文件建立链接关系。添加到序列面板中的素材剪辑，是以该素材在项目面板中的名称显示剪辑名称，但是不会随着项目面板中的素材文件重命名而随之更新名称。若需要在序列面板中重命名素材剪辑，首先选择时间轴面板中的素材剪辑，然后执行"剪辑>重命名"命令，在弹出的"重命名剪辑"对话框中更改名称，如下图所示。

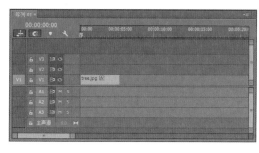

2.3.3 建立素材箱

在进行大型影视编辑工作中，往往会有大量的素材文件，在查找选用时很不方便。通过在项目面板中新建素材箱，将素材科学合理地进行分类存放，便于编辑工作时选用。

单击项目面板下方工具栏中的"新建素材箱"按钮，设置合适的名称之后，在项目面板中创建一个素材箱，选中需要移入素材箱的素材文件，按住鼠标左键并拖动到素材箱图标上即可，如下图所示。

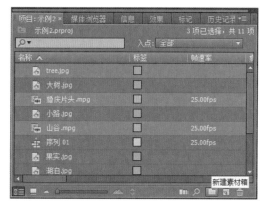

2.3.4 标记素材

标记是一种辅助性工具，主要功能是方便用户查找和访问特定的时间点。Premiere Pro CC可以设置序列标记、Encore章节标记和Flash提示标记。在"标记"菜单下，可以设置素材的出入点（如下左图所示）、章节标记、Flash提示标记（如下右图所示）等几种素材标记。

- **序列标记**：序列标记需要在时间线面板中进行设置。序列标记主要包括出/入点、套选入点和出点等，可以设置的素材标记如右图所示。
- **Encore章节标记**：用户可以打开"标记@*"对话框并自动选中"章节标记"类型选项，在时间指针的当前位置添加DVD章节

标记，作为将影片项目转换输出并刻录成DVD影碟后，在放入影碟播放机时显示的章节段落点，可以用影碟机的遥控器进行点播或跳转到对应的位置开始播放。
- **Flash提示标记**：用户在打开"标记@*"对话框时，"flash提示点"类型选项自动变为选中状态，在时间指针的当前位置添加Flash提示标记，作为将影片项目输出为包含互动功能的影片格式后（如*.mov），在播放到该位置时，依据设置的Flash响应方式，执行设置的互动事件或跳转导航。

> **提示** 若要删除不需要的标记，则可以将时间线跳转至该标记处，选择该标记后，执行"清除序列标记>当前标记"命令，即可将当前选择的标记删除。若执行"所有标记"命令，则删除所有的标记。

2.3.5 查找素材

在影视编辑工作中，若要导入的素材量很大，可以通过素材查找功能来搜索所需要的素材，如下左图所示。

在项目面板空白处单击鼠标右键，选择"查找"命令，或按Ctrl+F组合键，在弹出的"查找"对话框中可以设置相关选项或输入需要查找的对象信息，如下右图所示。

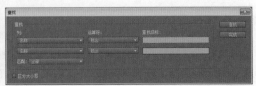

2.3.6　离线素材

在对源文件进行重名或是移动位置后，系统会提示找不到原素材，此时可建立一个离线文件代替，找到所需文件后，再用该文件替换离线文件即可进行正常的编辑。离线素材具有与源素材文件相同的属性，起到一个展位浮动额作用。

选择项目面板中需要脱机的素材，执行"脱机"命令，在弹出的"设为脱机"对话框中选择所需的选项，即可将所选择的素材文件设为脱机，如下图所示。

2.3.7　链接媒体

在项目面板中有处于脱机状态的素材剪辑时，执行"链接媒体"命令，在打开的"链接媒体"对话框中可以查看到所有处于脱机状态的素材，如下左图所示。在"链接媒体"对话框下面勾选要进行查找的文件匹配属性，然后单击"查找"按钮，弹出"查找文件"对话框，如下右图所示。

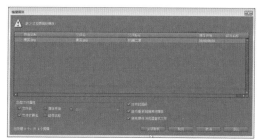

在"查找文件"对话框中展开所选素材的原始路径，查找所需素材文件，单击"确定"按钮后即可重新链接，恢复该素材在影片项目中的正常显示。

实例02 重新链接脱机媒体

在影视编辑工作中，音频或视频素材造成脱机后，需要通过链接媒体恢复素材在项目中的正常显示。本案例将介绍对链接脱机的素材进行链接的操作方法。

1. 新建项目并导入素材

01 新建项目，在"新建序列"对话框中设置项目序列参数，如下左图所示。

02 将实例文件夹中的"tree.jpg"图像素材导入到项目面板中，如下右图所示。

03 将实例文件夹中的"落叶.jpg""小路.jpg"文件导入到项目面板中,如下左图所示。

04 将项目面板中的所有图像素材添加到V1轨道的开始处,如下右图所示。

2. 对素材进行重命名

01 将实例文件夹中"tree.jpg"图像素材重命名为"大树",如下左图所示。

02 完成上述动作之后,返回Premiere Pro CC工具区,弹出"链接媒体"对话框,如下右图所示。

 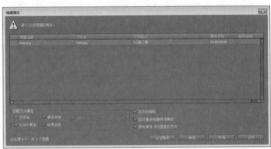

3. 链接媒体

01 单击"查找"按钮,在弹出的"查找文件"对话框中查找"大树.jpg"文件,如下左图所示。

02 单击"确定"按钮后,即可重新链接媒体,效果如下右图所示。

知识延伸：替换素材

在影视编辑工作中，对于不合适的素材，使用"替换素材"功能能够有效地提高剪辑的速度。

选择项目面板中需要被替换的素材文件，执行"替换素材"命令，在弹出的替换素材对话框中选择用以替换该素材的文件，单击"选择"按钮，即可完成素材的替换，如下图所示。

上机实训：将AVI格式文件转换为MOV格式

从DV中采集音频或视频素材时，为了保证在采集过程中素材的画质没有损失，都未对素材进行压缩，因此文件很大。下面将向读者介绍压缩视频以及将素材转换为其他格式的操作方法。

1. 新建项目并导入素材

步骤 01 新建项目，在"新建序列"对话框中设置项目序列参数，如下图所示。

步骤 02 将实例文件夹中的"01.avi"视频素材导入到项目面板中，如下图所示。

 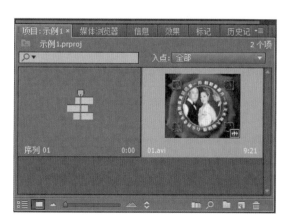

2. 预览并插入素材

步骤 01 在项目面板中双击素材，在源监视器面板中打开，在该面板中预览素材的效果如下图所示。

步骤 02 然后将素材插入时间线面板，如下图所示。

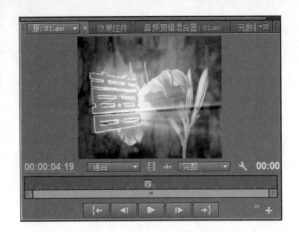

3. 执行导出媒体命令

步骤 01 执行"文件>导出>媒体"命令, 如下图所示。

步骤 02 在执行导出媒体命令之后, 即可弹出"导出设置"对话框, 如下图所示。

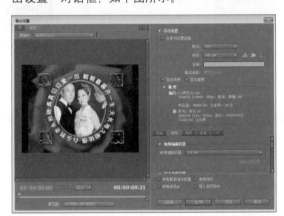

4. 设置视频格式类型及编码参数

步骤 01 单击"格式"后的下拉按钮, 在弹出的下拉列表中选择QuickTime选项, 如下图所示。

步骤 02 单击"视频"标签, 在该选项卡中设置视频编码的相关参数, 如下图所示。

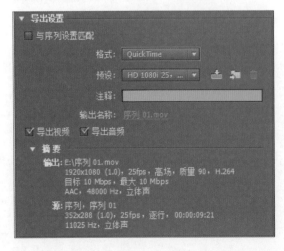

5. 设置导出视频参数并导出

步骤 01 在"导出设置"素材选项区域中，单击"预设"后的下拉按钮，在弹出的下拉列表中选择所需选项，如下图所示。

步骤 02 最后单击"导出"按钮，弹出"编码序列 01"对话框，开始导出编码文件，并显示剩余时间和导出的百分比，如下图所示。

课后实践

1. 将PSD文件导入到Premiere中，以准备制作"小企业玩转大数据"为主题的视频。

操作要点

01 打开"导入分层文件"，根据需要设置导入选项；合并所有图层，以单独图像的方式导入文件；

02 将需要保留的图层合并在一起后导入文件；每个图层都将作为一个素材被导入。

2. DV视频素材的导入。

操作要点

01 使用1394接口将外部DV视频设备与计算机连接到一起；

02 在"项目设置"对话框里设置"暂存盘"参数，同时确保最大化内存支持；

03 设置完捕捉的出入点及相关参数后，即可启动捕捉。

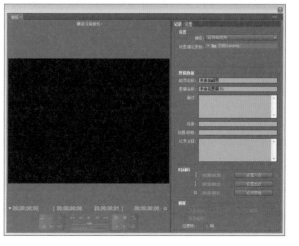

Chapter **03** 视频剪辑必备知识

本章概述

剪辑就是通过对素材添加出点和入点从而截取其中好的视频片段，将其与其他视频素材进行组合进而形成一个新的视频片段。本章将对视频剪辑的一些必备理论知识和剪辑语言进行比较详尽的介绍，让读者对视频剪辑有更深的认识。

核心知识点

❶ 应用监视器窗口剪辑素材
❷ 时间线上剪辑素材
❸ "项目"面板剪辑素材

3.1 监视器窗口剪辑素材

监视器窗口在Premiere Pro CC中主要有两个功能，观看素材和剪辑素材。观看素材需要在各个阶段进行，素材进入软件时需要观看源素材，找到需要留下的素材内容并设置出点入点。素材剪辑效果也必须通过监视器窗口观看，根据监视器内容调整素材长短和切换的位置，逐渐形成一个完整的影片，这是一个不断尝试并修改的过程。

3.1.1 监视器窗口

监视器窗口分左右两个监视器，左侧的是源监视器，主要用于预览和剪裁项目面板中选中的原始素材，如下左图所示。右侧的是节目监视器，主要用于预览时间线窗口序列中已经编辑的素材，也是最终输出视频效果的预览窗口，如下右图所示。

安全区域包括节目安全区和字幕安全区。当制作的节目是用于广播电视时，由于多数电视机会切掉图像外边缘的部分内容，所以我们要参考安全区域来保证图像元素在屏幕范围之内，尤其要保证字幕在字幕安全区之内，重要节目内容在节目安全区之内。其中，里面的方框是字幕安全区，外面的方框是节目安全区，如下左图所示。源监视器和节目监视器面板都可以设置安全框。

在源监视器面板中，单击上方的黑色三角按钮，将弹出下拉列表，列表中会有时间线面板的素材序列表，通过它可以快速地浏览素材，如下右图所示。

中文版Premiere Pro CC艺术设计实训案例教程

3.1.2　播放预览功能

在项目面板或时间线面板中双击素材，或者将项目窗口中的任一素材直接拖至素材源监视器中，以上三种方法均可使用"源"监视器播放素材。监视器的下方分别是素材时间编辑滑块位置时间码、窗口比例选择、素材总长度时间码显示；监视器下方的中间部分是时间标尺、时间标尺缩放器以及时间编辑滑块；最下部分是素材源监视器的控制器及功能按钮，如下图所示。

窗口左侧的黄色时间数值是表示时间标记█所在位置的时间，窗口右边的白色时间数值是表示影片入点与出点之间的时间长度。

在左侧时间数值旁边的"适合"按钮可以改变窗口中影片显示大小，还可选择相应的数值放大或缩小，若选择"适合"选项，则无论窗口大小，影片显示大小都将与显示窗口匹配从而显示完整的影片内容。

在右侧时间数值旁边的1/2按钮，可以改变素材在监视器窗口显示的清晰程度。根据电脑配置不同选择相应的数值，选择全分辨率时监视器窗口播放是最清晰的，但相应的在监视器窗口显示会有卡顿现象，选择1/4时，监视器窗口播放清晰度会下降播放卡顿现象减弱。

3.1.3　入点和出点

在素材开始帧的位置是入点，在结束帧的位置是出点，源监视器中入点与出点范围之外的东西相当于切去了，在时间线中这一部分将不会出现，改变出点入点的位置就可改变素材在时间线上的长度。

改变入点出点的方法如下：

01 在项目面板中双击素材，被双击的素材会在源监视器窗口打开，如右图所示。

02 在源监视器面板中按空格键或者拖动时间标记来浏览素材，找到开始的位置，如右图所示。

03 单击"标记入点"按钮 ▮（快捷键I键），入点位置的左边颜色不变，入点位置右边变成灰色，如下图所示。

04 浏览影片找到结束的位置，单击"标记出点"按钮 ▮（快捷键O键），出点位置左边保持灰色，出点位置右边不变，如下图所示。

05 素材入点出点设置完成，将源监视器中的素材画面拖曳至时间线，在时间线上显示的长度就是在源监视器设置完入点出点的灰色部分，如下图所示。

06 在设置入点出点的时候还有一个快捷方式，即用鼠标右键单击时间标记 ▮，会弹出快捷菜单栏，选择"标记入点"、"标记出点"命令，如下图所示。

3.1.4　设置标记点

为素材添加标记、设置备注内容是管理素材剪辑素材的重要方法，下面将对其相关操作进行介绍。

1. 添加标记

在源监视器或者时间线面板中，将时间标记 ▮ 移到需要添加标记的位置，单击"添加标记" ▮ 按钮

（快捷键M），标记点会在时间标记处标记完成，如下图所示。

2. 跳转标记

在源监视器或者时间线面板中，在标尺上单击鼠标右键，弹出快捷菜单，选择"转到下一标记"命令，时间标记会自动跳转到下一标记的位置，选择"转到上一标记"命令，时间标记自动跳转到前一个标记，如下图所示。

3. 备注标记

在设置好的标记处█双击，弹出标记信息框，在信息框内可以给标记命名、添加注释。

4. 删除标记

在源监视器或者时间线面板中，单击鼠标右键，在弹出的快捷菜单中选择"清除当前标记"命令可清除当前选中的标记；选择"清除所有标记"命令则所有标记被清除。

3.1.5 执行插入和覆盖操作

执行插入或覆盖操作时，可以从项目面板和源监视器面板将素材放入时间线面板。在源监视器中单击"插入"和"覆盖"按钮，会把素材直接放入时间线面板中的时间标记所在位置。

使用插入工具插入素材时，会把素材在时间标记处断开，时间标记后面的素材往后推移，插入的素材开头占领断开处，如下图所示。

在覆盖素材时，插入的素材会将时间标记后面原有的素材覆盖，如下图所示。

3.1.6 执行提升和提取操作

该操作与插入或覆盖图案操作特别像，但是它们两组功能上的差异很大，提升和提取只能在节目监视器面板中操作，在源监视器面板中没有"提升"和"提取"按钮。"提升"和"提取"按钮可以在时间线面板中的指定轨道上删除指定的一段节目。使用提升工具修改影片时，只会删除目标轨道中选定范围内的素材片段，对其前、后素材以及其他轨道上的素材的位置都不产生影响。下左图是进行提升操作前，下右图是提升操作之后。

使用提取工具修改影片时，会把时间线面板中位于选择范围之内的所有轨道中的片段删除，并且会将后面的素材前移，如下图所示。

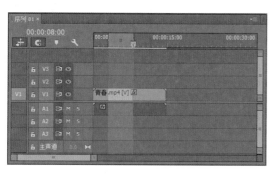

实例03 提取时间线中的素材

在影视编辑工作中，经常会提取时间线中的素材，从而删除指定的片段，而且还会将其后的素材前移，填补空缺。本案例将为读者详细介绍提取时间线中素材的操作。

1. 新建项目并导入素材

01 新建项目，在"新建序列"对话框中设置项目序列参数，如下左图所示。

02 将实例文件夹中的"船.mp4"视频素材导入到项目面板中，如下右图所示。

2. 提取时间线中的素材

01 把素材"船.mp4"拖到时间线上，如下左图所示。

02 打开节目监视器面板，在00:00:07:00处，执行"标记>标记入点"或快捷键I，即可为素材添加入点标记，如下右图所示。

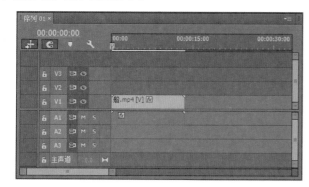

03 在00:00:09:00处，执行"标记>标记出点"命令或按下快捷键O，即可为素材添加出点标记，如下左图所示。

04 完成上述动作之后，即可观看时间轴面板效果，如下右图所示。

05 在节目监视器面板，单击"提取"按钮，即可提取时间线上的素材，如下左图所示。

06 完成上述动作之后，即可观看时间轴面板效果，如下右图所示。

3.2　时间线上剪辑素材

在时间线面板中剪辑素材会使用到很多工具，其中4种剪辑片段工具分别是轨道选择工具、滑动工具、错落工具和滚动工具，还有一些特殊效果和编组整理命令，下面详细介绍如何使用这些工具。

3.2.1　选择工具和轨道选择工具

选择工具 （快捷键V键）和轨道选择工具 （快捷键A键）都是调整素材片段在轨道中位置的工具，但是轨道选择工具可以选中同一轨道单击的素材以及后面的素材。

选择向前选择轨道工具 ，在时间线面板中找到需要移动的素材。单击时间线右边的素材，拖动素材时只有右边一个单独素材被执行操作，如下图所示。

当单击时间线左边的素材后，两个素材会被同时选中，同时被执行操作，如下图所示。

3.2.2　剃刀工具

剃刀工具🔪快捷键C键，单击剃刀工具按钮后，单击时间线面板中的素材片段，素材会被裁切成两段，单击哪里就从哪里裁切开。当裁切点靠近时间标记🔖的时候，裁切点会被吸到时间标记🔖所在的地方，素材会从时间标记🔖裁切开。

在时间线面板中，当我们拖动时间标记🔖找到想要裁切的地方时，可以在键盘上按下Ctrl+K组合键，在时间标记🔖所在位置把素材裁切开。

3.2.3　外滑工具

外滑工具⟺快捷键Y键，用外滑工具放在轨道中的某个片段里面拖动，可以同时改变该片段的出点和入点。而片段长度变不变，前提是出点后和入点前有必要的余量可供调节使用，同时相邻片段的出入点及影片长度不变。

该工具的操作方法和具体效果如下：

01 选择外滑工具⟺，在时间线面板中找到需要剪辑的素材。

02 将鼠标指针移动到片段上，指针呈黑色指针时，左右拖曳鼠标对素材进行修改，如下左图所示。

03 在拖曳过程中，监视器面板中将会依次显示上一片段的出点和后一片段的入点，同时显示画面帧数，如下右图所示。

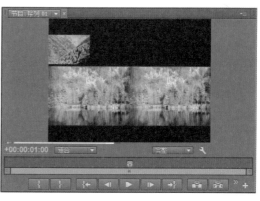

3.2.4　内滑工具

内滑工具 ▣▣（快捷键U键）和外滑工具正好相反，用内滑工具在轨道中的某个片段里面拖动，被拖动片段的出入点和长度不变，而前一相邻片段的出点与后一相邻片段的入点随之发生变化，前提是前一相邻片段的出点后与后一相邻片段的入点前要有必要的余量可以供调节使用。但是影片的长度不变。

该工具的操作方法和具体效果如下：

01 选择内滑工具 ▣▣，在"时间线"面板中找到需要剪辑的素材。

02 将鼠标指针移动到两个片段结合处，呈黑色指针时，左右拖曳鼠标对素材进行修改，如下左图所示。

03 在拖曳过程中，监视器窗口将显示被调整片段的出点与入点以及未被编辑的出点与入点，如下右图所示。

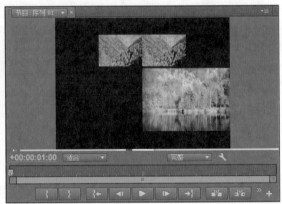

3.2.5　滚动编辑工具

滚动编辑工具快捷键N，用该工具改变某片段的入点或出点，相邻素材的出点或入点也相应改变，使影片的总长度不变。

选择滚动编辑工具，将光标放到时间线面板轨道里其中一个片段的开始处，当光标变成红色的两条竖线条时，如下左图所示。

按下鼠标左键向左拖动可以使入点提前，从而使得该片段增长，同时前一相邻片段的出点相应提前，长度缩短，前提是被拖动的片段入点前面必须有余量可供调节。按下鼠标左键向右拖动可以使入点拖后，从而使得该片段缩短，同时前一片段的出点相应拖后，长度增加，前提是前一相邻片段出点后面必须有余量可供调节。

双击红色竖线时，节目监视器面板会弹出详细的修整面板，可以在修整面板进行细调，如下右图所示。

实例04 使用滚动编辑工具编辑素材

滚动编辑工具剪辑素材时，可以调整素材的进入端和输出端，在视频剪辑工作中经常使用。本案例将向读者介绍通过滚动编辑工具编辑素材的操作方法。

1. 新建项目并导入素材

01 新建项目，在"新建序列"对话框中设置项目序列参数，如下左图所示。

02 将实例文件夹中的"古居.jpg"和"温泉.jpg"图像素材导入到项目面板中，如下右图所示。

2. 编辑素材

01 在项目面板中选择素材文件，将其拖曳到时间轴面板中的V1轨道上，如下左图所示。

02 将在工具面板中单击"滚动编辑工具"按钮，如下右图所示。

03 将鼠标移到两个素材之间，当鼠标变成滚动编辑图标时，单击鼠标左键并向右拖曳，如下左图所示。

04 拖到合适位置后释放鼠标，即可使用滚动编辑工具剪辑素材，轨道上的其他素材也发生变化，如下右图所示。

3.2.6 速率伸缩工具

速率伸缩工具快捷键X，使用速率伸缩工具拖拉轨道里片段的头尾时，会使得该片段在出点和入点不变的情况下加快或减慢播放速度，从而缩短或增加时间长度。

单击"速率伸缩工具"按钮，将光标放到时间线面板轨道里其中一个片段的开始或者结尾处，当光标变成黑色S形双箭头与红色中括号的组合图标时，按下鼠标左键向右或者向左拖动可以使得该片段缩短或者延长，入点出点不变，当片段缩短时播放速度加快，片段延长时播放速度变慢。

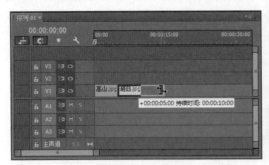

在片段播放速度控制上，更精确的方法是选中轨道里的其中一段素材并右击，在弹出的快捷菜单中选择"速度/持续时间"命令，在弹出的"剪辑速度/持续时间"对话框里进行调节，如下图所示。

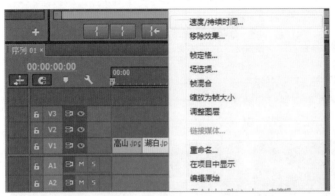

"剪辑速度/持续时间"对话框中各主要选项的含义介绍如下：

- "速度"选项可以调整片段播放速度，100%的速度值时片段播放速度正常，小于100%为减速，大于100%为加速。
- "持续时间"数值框可以确定片段在轨道中的持续时间，调整数值后，持续时间长度比原片段时间短，播放速度加快，持续时间长度比原片段时间长，播放速度减慢。
- 勾选"倒放速度"复选框时，片段内容将反向播放。
- 勾选"保持音调不变"复选框时，片段的音频播放速度将保持不变。
- 勾选"波纹编辑，移动后面的素材"复选框时，片段加速导致的空隙会被自动填补上。

3.2.7 帧定格

将视频中的某一帧，以静帧的方式显示，称为帧定格，被冻结的静帧可以是片段的入点或出点。下面将对帧定格的操作方法进行介绍。

01 在时间线面板中选择其中一个片段，将时间标记移动到需要冻结的帧画面上，使用剃刀工具从需要冻结的那帧画面上裁切，如下左图所示。

02 选中片段，在菜单栏中选择"素材>视频选项>帧定格"命令，也可在时间线面板中选中片段并右击，在弹出的快捷菜单栏选择"帧定格"命令，弹出"帧定格选项"对话框进行设置，如下右图所示。

中文版Premiere Pro CC艺术设计实训案例教程

提示 "帧定格选项"对话框中各选项如下：

● "定格位置"复选框有三个选项可选，"入点"、"出点"和"标记"，选择"入点"则片段成为入点那一帧的静帧显示，选择"出点"、"标记"相同。

● "定格滤镜"复选框使静帧显示时画面保持使用滤镜后的效果。

3.2.8 帧混合

"帧混合"命令主要用于融合帧与帧之间的画面，使之过渡更加平滑，当素材的帧速率与序列的帧速率不同时，Premiere Pro CC会自动补充缺少的帧或跳跃播放，但在播放时会产生画面的抖动，如果使用"帧混合"命令，即可消除这种抖动。当用户改变速度时利用"帧混合"命令减轻画面抖动时，为此付出的代价是输出时间会增多。

通过右击弹出快捷菜单，用户即可选择"帧混合"命令，如右图所示。

3.2.9 复制/粘贴素材

复制、剪切和粘贴是Windows中常用的命令，（快捷键：剪切是Ctrl+X；复制是Ctrl+C；粘贴是Ctrl+V），在Premiere Pro CC中也有同样的命令。

在时间线面板中，选中需要执行粘贴命令的素材，复制素材（快捷键Ctrl+C），移动时间标记到执行粘贴命令的位置，在菜单栏中选择"编辑>粘贴插入"命令（快捷键Ctrl+Shift+V），复制的素材被粘贴到时间标记的位置，时间标记后面的素材向后移动。如果执行的是粘贴命令（快捷键Ctrl+V），时间标记后面的素材不会向后移动，将会被覆盖，如下图所示。

3.2.10　删除素材

在时间线面板中，不再使用的素材可以进行删除。从时间线面板删除的素材并不会在项目面板中删除。

删除有两种方式，即"清除"和"波纹删除"。在时间线面板中使用"清除"命令（快捷键Backspace）删除素材后，时间线面板的轨道上会留下该素材的空位。当使用"波纹删除"命令后，后面的素材会覆盖被删除的素材留下的空位。

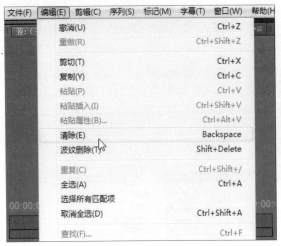 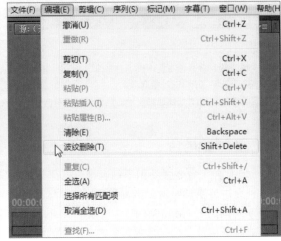

3.2.11　场的设置

在使用视频素材时，会遇到交错视频场的问题，这会严重影响最后的合成质量。场是因隔行扫描系统而产生的，两场为一帧，根据视频格式、采集和回放设备不同，场的优先顺序是不同的。如果场序反转，运动会僵持和闪烁。在剪辑中，改变片段速度、输出胶片带、反向播放片段或冻结视频帧都有可能遇到场处理问题，我们需要正确地处理场设置来保证影片顺利播放。

在时间线面板中的素材上单击鼠标右键，在弹出的快捷菜单中选择"场选项"命令，弹出"场选项"对话框，如下图所示。

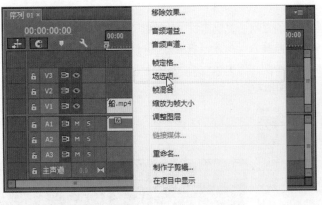 

其中，各选项的含义介绍如下：

● "交换场序"复选框：若素材场序与视频采集卡顺序相反，则勾选此复选框。

● "无"单选按钮：表示不处理素材。

● "消除闪烁"单选按钮，表示该选项用于消除水平线的闪烁。

3.2.12 分离/链接视频和音频

分离/链接视频和音频可以把视频和音频分离开单独操作，也可以链接在一起成组操作。

分离素材时，首先在时间线面板中选中需要音频或视频分离的素材，单击鼠标右键，在弹出的快捷菜单中选择"取消链接"命令，如下左图所示。随后即可分离素材的视频和音频部分。

链接素材也很简单，即在时间线面板中选中需要进行链接的视频和音频素材，单击鼠标右键，在弹出的快捷菜单中选择"链接"命令，如下右图所示。这样视频素材和音频素材就链接在一起。

实例05 将音频和视频素材进行链接

在影视编辑工作中，经常会对音频和视频素材进行一定的链接处理，以便对单独的音频和视频进行处理。本案例将对音频和视频素材进行链接的操作方法进行讲解。

01 新建项目，在"新建序列"对话框中设置项目序列参数，如下左图所示。

02 将素材文件夹中的"山谷.mp4"视频素材导入到项目面板中，如下右图所示。

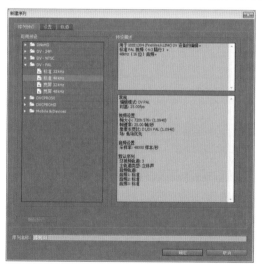 

03 选中"山谷.mp4"素材，执行"剪辑>取消链接"命令或按Ctrl+L组合键，如下左图所示。

04 完成上述动作之后，即可解除"山谷.mp4"素材的视频和音频间的链接，如下右图所示。

3.3 应用项目面板创建素材

在剪辑时除了通过导入和采集来获取素材外，还可以在项目面板中创建素材，主要包括"彩条"、"黑场"、"彩色蒙蔽"、"调整图层"和"通用倒计时片头"等素材，本节将详细介绍几种素材的使用方法。

3.3.1 创建彩条素材

在"项目"面板下方单击"新建项"按钮，在下拉菜单中选择"彩条"命令；也可以在"项目"面板空白处单击鼠标右键，在弹出的快捷菜单中选择"新建项目>彩条"命令，就可以创建彩条，如下右图所示。创建出的彩条素材同时也带有声音素材。

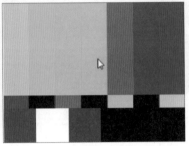

3.3.2 创建黑场素材

在"项目"面板下方单击"新建项"按钮，在下拉菜单中选择"黑场视频"命令，也可以在"项目"面板空白处单击鼠标右键，在弹出的快捷菜单栏中选择"新建项目>黑场视频"命令，创建出黑场素材，如下右图所示。需要说明的是，黑场素材可以进行透明度调整。

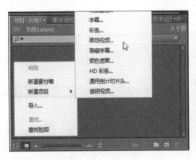

3.3.3 创建彩色遮罩

Premiere Pro CC可以为影片创建颜色蒙版，具体操作如下所示。

01 在"项目"面板下方单击"新建项"按钮，在下拉菜单中选择"颜色遮罩"命令；也可以在"项目"面板空白处单击鼠标右键，在弹出的快捷菜单栏中选择"新建项目>颜色遮罩"命令。

02 在弹出"新建颜色遮罩"对话框中设置参数，如下图所示。

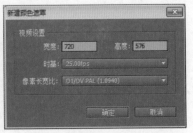

03 单击"确定"按钮后，弹出"拾色器"对话框，如下左图所示。

04 选定颜色后单击"确定"按钮，即可新建彩色遮罩，如下左图所示。

 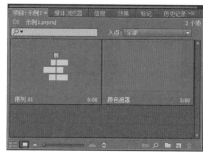

3.3.4 创建调整图层

调整图层是一个透明的图层，它能应用特效到一系列的影片剪辑中而无需重复地复制和粘贴属性。只要应用一个特效到调整图层轨道上，特效结果将自动出现在下面的所有视频轨道中。

在"项目"面板下方单击"新建项目"按钮 ，也可以在"项目"面板空白处单击鼠标右键，在弹出的快捷菜单栏中选择"新建项目>调整图层"命令，就可以创建调整图层。

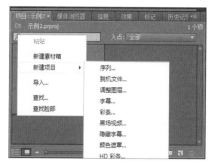 

3.3.5 创建倒计时导向

倒计时导向常用于影片开始前的倒计时准备。在"项目"面板下方单击"新建项"按钮，在弹出的下拉菜单中选择"通用倒计时片头"命令。在弹出的"新建通用倒计时片头"对话框中单击"确定"按钮，弹出"通用倒计时设置"对话框，从中设置相应参数，如下图所示。

 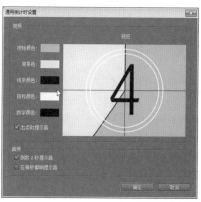

"通用倒计时设置"对话框中各选项的含义介绍如下：

● "擦除颜色"选项，表示擦除的颜色，用户可以为圆形擦除区域选择颜色。

● "背景色"选项，表示背景的颜色，用户可以为擦除颜色后的区域选择颜色。

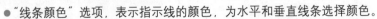

- "线条颜色"选项，表示指示线的颜色，为水平和垂直线条选择颜色。
- "目标颜色"选项，表示准星颜色，为数字周围的双圆形选择颜色。
- "数字颜色"选项，表示数字颜色，为倒数数字选择颜色。
- "出点提示标记"复选框，表示结束提示标志，勾选后将在片头的最后一帧中显示提示圈。
- "倒数2秒提示音"复选框，若勾选，则在2数字处播放提示音。
- "在每秒都响提示音"复选框，若勾选，则在每秒开始时播放提示音。

实例06 创建与设置倒计时片头

倒计时片头是在视频短片中经常使用到的开场内容，常用来提醒观众集中注意力，观看短片。在 Premiere Pro CC中可以方便地创建数字倒计时片头动画，并对其进行画面效果的设置。本案例将向读者详细介绍倒计时片头的创建与设置操作。

01 新建项目，在"新建序列"对话框中设置项目序列参数，如下左图所示。

02 单击"项目"面板工具栏中的"新建项"按钮，在弹出的菜单中选择"通用倒计时片头"命令，在打开的"新建通用倒计时片头"对话框中，设置好片头视频的参数，如下右图所示。

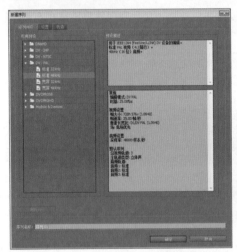
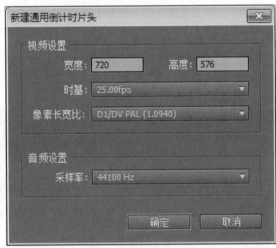

03 单击"确定"按钮，打开"通用倒计时设置"对话框，如下左图所示。

04 单击"擦除颜色"后面的色块，在弹出的"拾色器"对话框中设置颜色值（R:100 G:150 B:255），如下右图所示。

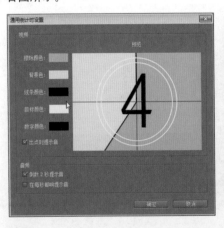

05 返回"通用倒计时设置"对话框，勾选"在每秒都响提示音"复选框，如下左图所示。

06 设置完成后，可观看播放效果，如下右图所示。

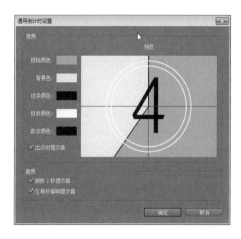
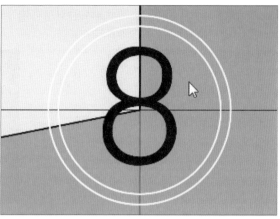

 知识延伸：素材编组与嵌套

在项目剪辑过程中，经常需要对多个素材进行整体操作，这时常用的两种方法是使用"编组"和"嵌套"命令。使用"编组"命令可以将多个片段组合成为一个整体来进行移动和复制等操作。使用"嵌套"命令后可以将多个或单个片段合成为一个序列来进行移动和复制等操作，双击"嵌套"序列后可以进行相应的编辑。嵌套的具体操作步骤如下：

01 在时间线面板中框选要群组的素材，按住Shift键再次单击，可以加选素材。在选定的素材上单击鼠标右键，在弹出的快捷菜单中选择"嵌套"命令，选定的素材成为一个序列组在时间线上，如下左图所示。

02 在弹出的"嵌套序列名称"对话框中输入名称，即可形成嵌套效果，如下右图所示。

03 单击"确定"按钮后，即可在时间线上观看效果，如下左图所示。

04 嵌套成为一个序列后是无法取消的，若不想使用嵌套序列，则双击嵌套序列，如下右图所示。

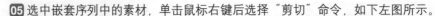

05 选中嵌套序列中的素材，单击鼠标右键后选择"剪切"命令，如下左图所示。

06 然后删除嵌套序列，如下右图所示。

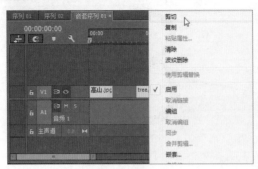

上机实训：风景视频剪辑

本案例将以黄山风景视频剪辑为例，为读者详细介绍利用Premiere Pro CC进行视频剪辑的操作步骤，使读者更好地理解和应用视频剪辑的相关工具和知识。

1. 新建项目并导入素材

步骤 01 新建项目，在"新建序列"对话框中设置项目序列参数，如下图所示。

步骤 02 将素材文件夹中的"醉美黄山"文件夹中所有素材导入到项目面板中，如下图所示。

2. 设置素材速度/持续时间

步骤 01 在项目面板中选择所有的图像素材，执行"剪辑>速度/持续时间"命令，或是单击鼠标右键，在弹出的快捷菜单中选择"速度/持续时间"命令，如下图所示。

步骤 02 在打开的"剪辑速度/持续时间"对话框中，将所选图像素材的持续时间改为00:00:04:00，如下图所示。

3. 导入图片素材

步骤 01 把项目面板中的图像素材"朝阳.jpg"拖到时间轴面板中的V1轨道上的开始位置，如下图所示。

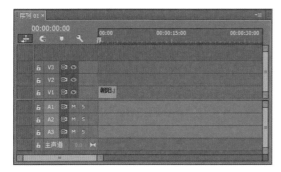

步骤 02 按住Shift键，在项目面板中选择其余图像素材，将其拖入到时间轴面板中的V1轨道上并对齐到"朝阳.jpg"的出点，如下图所示。

4. 为素材设置出入点并添加音频素材

步骤 01 打开节目监视器面板，在00:00:00: 00处单击"标记入点"按钮，即可为视频添加入点，如下图所示。

步骤 02 在00:00:52:00处单击"标记出点"按钮，即可为视频添加出点，如下图所示。

步骤 03 完成上述操作之后，即可观看时间轴面板效果，如下图所示。

步骤 04 把"项目"面板中的音频素材"背景音乐.mp3"拖到时间轴窗口中的A1轨道上的开始位置，与V1轨道上视频入点对齐，如下图所示。

5. 删除多余素材

步骤 01 单击"剃刀工具"按钮，对齐V1轨道上视频出点标记，把A1轨道上的"背景音乐.mp3"剪开，如下图所示。

步骤 02 单击"选择工具"按扭后，单击时间A1轨道上指示器右侧音频素材，即可选中右侧素材，如下图所示。

步骤 03 选中素材后，依次执行"编辑>清除"命令，或是在时间轴面板单击鼠标右键，选择"清除"命令或是按Backspace键，即可删除所选素材，如下图所示。

步骤 04 执行完上述动作，在时间轴中显示效果，如下图所示。

6. 创建通用倒计时片头

步骤 01 单击项目面板工具栏中的"新建项"按钮，在弹出的菜单中选择"通用倒计时片头"命令，在打开的"新建通用倒计时片头"对话框中，设置片头视频的参数，如下图所示。

步骤 02 单击"确定"按钮，在弹出的"通用倒计时设置"对话框中设置相应的参数，如下图所示。

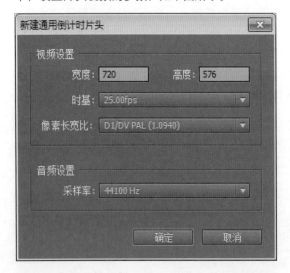

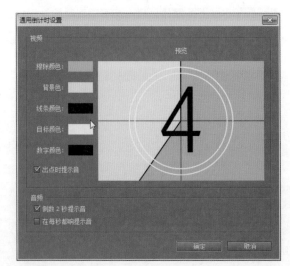

7. 创建新序列并导入素材

步骤01 用同样的方法新建"序列02"，在"新建序列"对话框中设置项目序列参数，如下图所示。

步骤02 在项目面板中，把新建的"通用倒计时片头"文件拖到"序列02"的V1轨道开始处，如下图所示。

8. 嵌套序列

步骤01 选中"序列01"中的所有素材，单击鼠标右键，选择"嵌套"命令，如下图所示。

步骤02 在弹出的"嵌套序列名称"对话框中输入名称，如下图所示。

步骤03 完成上述操作之后，即可观看效果，如下图所示。

步骤04 把"嵌套序列01"拖到"序列02"中的V1轨道中，与"通用倒计时片头"出点对齐，如下图所示。

课后实践

1.通过命令编组素材，以准备制作风景宣传视频。

操作要点

01 新建序列后，导入两个或两个以上的素材；

02 按住Shift键选择多个素材文件或是在时间轴面板上按住鼠标左键并拖曳，框选需要的素材；

03 执行"编辑>编组"命令或是单击鼠标右键，在弹出的快捷菜单中选择"编组"命令。

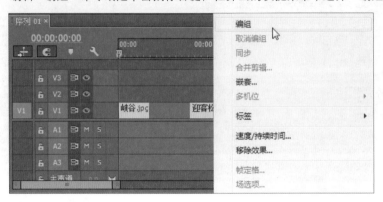

2.通过波纹编辑工具编辑素材。

操作要点

01 新建序列后，导入两个或两个以上的素材；

02 按住Shift键选择多个素材文件或是在时间轴面板按住鼠标左键并拖曳，框选需要的素材；

03 在工具面板中单击"波纹编辑工具"按钮即可操作。

Chapter 04 字幕的设计

本章概述

在影视节目中，字幕是必不可少的。字幕可以帮助影片更完整地展现相关信息内容，起到解释画面、补充内容等作用。字幕的设计主要包括添加字幕、提示文字、标题文字等信息表现元素。在Premiere Pro CC中，主要是通过字幕设计器窗口中提供各种文字编辑、属性设置及绘图功能进行字幕的编辑。

核心知识点

❶ 字幕的创建
❷ 字幕设计面板的认识
❸ 为字幕添加艺术效果

4.1 字幕的创建

在深入学习字幕的制作与处理之前，先来了解一下字幕的种类，以及字幕的基本创建方法。

4.1.1 字幕的种类

在Premiere Pro CC中，字幕分为3种类型，即默认静态字幕、默认滚动字幕及默认游动字幕。创建字幕之后可在这3种类型之间随意转换。

1. 默认静态字幕

默认静态字幕是指在默认状态下停留在画面中指定位置不动的字幕，下右图为默认静态字幕的效果。默认静态字幕在系统默认状态下是位于创建位置静止不动的，若要使其在画面中产生移动效果，用户可以在其"特效控制台"面板制作位移、缩放、旋转、透明度关键帧动画。

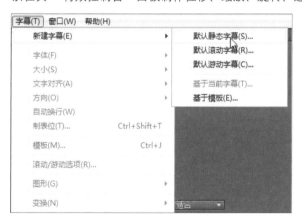

2. 默认滚动字幕

默认滚动字幕在被创建之后，其默认的状态即为在画面中从下到上的垂直运动，运动速度取决于该字幕文件的持续时间的长度。默认滚动字幕是不需要设置关键帧动画的，除非用户需要更改其运动状态。下右图为默认滚动字幕的运动效果。

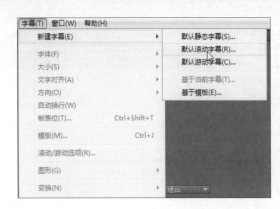

3. 默认游动字幕

默认游动字幕在被创建之后，其默认状态就具有沿画面水平方向运动的特性。其运动方向可以是从左至右的，也可以是从右至左的，下图为运动方向从右至左的效果。虽然默认游动字幕的默认状态为水平方向运动，但用户可根据视频编辑需求更改字幕运动状态，制作位移、缩放等关键帧动画。

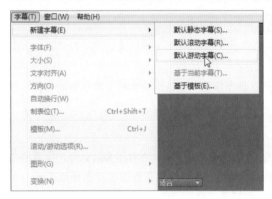

4.1.2　新建字幕的方法

在Premiere Pro CC中，创建字幕有很多种方法，比如通过"文件"菜单创建、通过"字幕"菜单命令创建、通过项目面板的下拉菜单创建、从项目面板创建、从字幕模板创建，以及使用快捷键创建等方法，用户可根据自身的操作习惯选择适合的创建方法。

1. 从"字幕"菜单创建字幕

从Premiere的"字幕"菜单创建字幕是最常用的方法。执行"字幕>新建字幕"命令，在子菜单中选择所需的字幕类型，即可新建一个字幕文件，如下图所示。

在"新建字幕"的子菜单中，列出了Premiere Pro CC自带的几种字幕种类，并且还提供了可创建的基于模板的字幕。

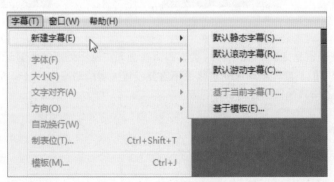

2. 从"文件"菜单创建字幕

Premiere的"文件"菜单包含了众多的命令，包括新建对象类型命令，如下图所示。通过执行"文件>新建>字幕"命令，只能创建默认静态字幕。若需要创建默认滚动字幕，需要使用上面介绍的"字幕"菜单创建字幕。

3. 从项目面板创建字幕

项目面板主要用于放置素材文件和新建系统预设素材。字幕作为Premiere Pro CC预设新建类别，同样可通过该面板创建。

在项目面板的工具栏中，单击"新建项"按钮，在弹出的快捷菜单中执行"字幕"命令，如下左图所示。执行该命令即可创建一个默认静态字幕，如下右图所示。

4.2 字幕设计面板

在认识了字幕类型之后，下面将为读者介绍字幕设计面板的知识。在"新建字幕"对话框中设置字幕参数之后，即可打开字幕设计面板，如下图所示。

字幕设计面板由字幕工具、字幕动作、字幕设计区、"字幕样式"及"字幕属性"5个面板组成。

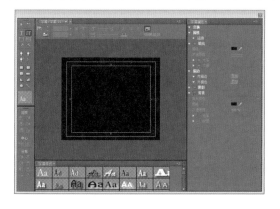

4.2.1　字幕工具面板

字幕工具面板存放着用于创建、编辑文字的工具，使用这些工具可创建和编辑文字文本、绘制和编辑几何图形，如下图所示。

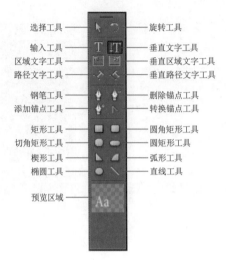

其中，各工具的用途介绍如下：

- **选择工具**：该工具用于选择和移动文字文本或者图像，快捷键为V键。
- **旋转工具**：该工具用于对文字文本进行旋转操作，使用该工具的快捷键为O键。
- **输入工具**：该工具用于输入水平排列的文字，快捷键为T键。
- **垂直文字工具**：该工具用于输入垂直排列的文字，快捷键为C键。
- **路径文字工具**：该工具用于绘制路径，以便在路径上创建垂直于路径的文字。
- **垂直路径文字工具**：该工具用于绘制路径，以便创建平行于路径的文字。
- **区域文字工具**：该工具用于创建框选区域的水平文字。
- **垂直区域文字工具**：该工具用于创建框选区域的垂直文字。
- **钢笔工具**：该工具用于绘制路径，并且配合使用Alt和Ctrl键，可对创建的路径进行调整。
- **添加锚点工具**：该工具用于在路径上添加定位点。
- **删除锚点工具**：该工具用于删除路径上选择的定位点。
- **转换锚点工具**：该工具用于转换路径夹角为贝塞尔曲线，或者将贝塞尔曲线转换为路径夹角。
- **矩形工具**：该工具用于在字幕设计区中绘制方形的图形，快捷键为R键。
- **切角矩形工具**：该工具用于绘制切角矩形形状的图形。
- **圆角矩形工具**：该工具用于绘制圆角矩形形状的图形。
- **圆矩形工具**：该工具用于绘制圆矩形形状的图形。
- **楔形工具**：该工具用于绘制三角形形状的图形。
- **弧形工具**：该工具用于绘制扇形形状的图形，快捷键为W键。
- **椭圆工具**：该工具用于绘制椭圆形形状的图形，快捷键为E键。
- **直线工具**：该工具用于绘制直线图形，快捷键为L键。

4.2.2　字幕属性面板

"字幕属性"面板位于字幕设计器面板的右侧，在该面板中可设置字体或者图形的相关参数，如下图所示。

"字幕属性"面板分为"变换"、"属性"、"填充"、"描边"、"阴影"及"背景"6个部分。每个部分包含的参数都比较多，通过设置参数可以调节文字或图形的样式及效果等。

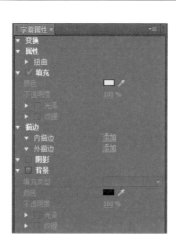

1."变换"卷展栏

"变换"卷展栏主要用于设置字幕的透明度、X轴和Y轴向上的位移参数及字幕的宽度和高度属性。

● **"透明度"选项**：该参数用于设置字幕的不透明度。取值范围为0～100，默认参数为100，表示字幕完全不透明。透明度为100%和50%的对比效果如下图所示。

● **"X轴"、"Y轴"位置**：用于设置字幕在字幕设计区中的位移参数。设置不同的X轴、Y轴位置参数时，字幕对比效果如下图所示。

● **"宽/高"选项**：用于控制字幕的宽度和高度。

2."属性"卷展栏

"属性"卷展栏用于设置字幕文字的大小、字体类型、字间距、行间距、倾斜、扭曲等属性。该卷展栏中的参数如下图所示。

- **"字体系列"选项**：用于设置字幕字体的类型。单击该选项右侧的下拉按钮，在弹出的下拉列表中选择合适的字体类型。
- **"字体样式"选项**：在设置字体类型之后，在该选项中可以设置字体的具体样式。不过大多数字体类型所包含的字体样式都较少，有的只含有一种字体样式，因此该选项使用较少。
- **"字体大小"数值框**：该参数用于设置被选择文字字号的大小，参数值越大，字也就越大。
- **"字符间距"数值框**：该参数用于调整字幕文字间的间距。默认参数为0，值越大，文字之间的间距越大。
- **"倾斜"数值框**：该参数用于设置字幕的倾斜程度。该参数可以为正数，也可以为负数。为正数时，文字向右侧倾斜。

3."填充"卷展栏

"填充"卷展栏主要用于设置字幕的填充类型、颜色，是否启用纹理填充、纹理填充的类型、纹理的混合、对齐、缩放等参数。"填充"卷展栏如下图所示。

- **"填充类型"选项**：单击该选项后的下拉按钮，在弹出的下拉列表中选择需要的填充类型。
- **"颜色"选项**：用于设置填充的颜色。不同的填充类型，其填充颜色的设置也不一定相同。

4."阴影"卷展栏

"阴影"卷展栏用于为字幕添加阴影效果，包含"颜色"、"不透明度"、"距离"、"角度"、"大小"等参数，该卷展栏如下图所示。

● **"颜色"选项**：用于设置字幕阴影的颜色，单击选项后的色块，在弹出的"拾色器"对话框中设置颜色参数来控制阴影颜色效果。不同阴影颜色的对比效果如下图所示。

● **"距离"选项**：该参数用于设置字幕阴影与字幕文字之间的距离，该参数值越大，阴影与字幕之间的距离越大。下图所示的距离参数值分别为10与20。

4.2.3　字幕动作面板

字幕动作面板是在Premiere Pro 2.0版本时才新增的工具面板，在Premiere Pro CC中，依然沿用了该面板，面板中各个按钮主要用于快速排列或者分布文字。字幕动作面板如下图所示。

- **水平靠左对齐**：该工具用于以选中文字的左水平线为基准对齐。
- **水平居中对齐**：该工具用于以选中文字的中心线为基准对齐。
- **水平靠右对齐**：该工具用于以选中文字的右水平线为基准对齐。
- **垂直靠上对齐**：该工具用于以选中文字的顶部水平线为基准对齐。
- **垂直居中对齐**：该工具用于以选中文字的水平中心线为基准对齐。
- **垂直靠下对齐**：该工具用于以选中文字的底部水平线为基准对齐。
- **水平居中**：该工具用于将选中文字移动到设计区水平方向的中心。
- **垂直居中**：该工具用于将选中文字移动到设计区垂直方向的中心。
- **垂直左分布**：该工具用于以选中文字的左垂直线为基准分布文字。
- **水平顶分布**：该工具用于以选中文字的顶部线为基准分布文字。
- **垂直中心分布**：该工具用于以选中文字的垂直中心为基准分布文字。
- **水平中心分布**：该工具用于以选中文字的中心线为基准分布文字。
- **垂直右分布**：该工具用于以选中文字的右垂直线为基准分布文字。
- **水平底分布**：该工具用于以选中文字的底部线为基准分布文字。
- **水平平均分布**：该工具用于以字幕设计区垂直中心线为基准分布文字。
- **垂直平均分布**：该工具用于以字幕设计区水平中心线为基准分布文字。

4.2.4　字幕操作面板

在字幕设计器面板中，选择需要替换字体的文字后，在该面板上部的工具栏中单击"字体类型"下拉按钮，在弹出的字体类型下拉列表中，为选中的文字选择一种字体，如下左图所示，即可为选中的文字替换字体类型，效果如下右图所示。

4.2.5　"字幕样式"面板

"字幕样式"面板位于字幕设计器面板的中下部。该面板中预设了多种字体样式，选择某一字体样式后输入文字，即可创建带有所选预设字体样式的文字。"字幕样式"面板如下图所示。

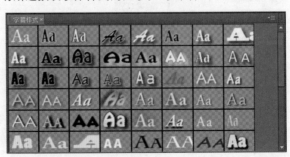

实例07 制作路径字幕

普通的直线型排列字幕，能够为观众带来刚正不阿、雄伟等高贵的视觉感受，但是在某些情况下却需要使用路径字幕表现柔美效果。下面将通过实例操作，向读者介绍路径字幕的制作方法。

1. 新建项目并导入素材

01 新建项目，在"新建序列"对话框中设置项目序列参数，如下左图所示。

02 将实例文件夹中的"蛋糕.jpg"素材导入到项目面板中，如下右图所示。

2. 插入素材

01 将导入到项目面板中的"蛋糕.jpg"图形素材插入到时间轴面板的V1轨道开始处，如下左图所示。

02 打开节目监视器面板，在该面板中浏览素材的效果，如下右图所示。

3. 新建字幕

01 在项目面板工具栏中单击"新建项"按钮，在弹出的快捷菜单中执行"字幕"命令，如下左图所示。

02 在打开的"新建字幕"对话框中设置字幕的"宽度"、"高度"、"像素长宽比"等参数，如下右图所示。

 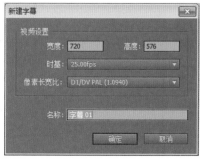

4. 创建路径

01 在字幕工具面板中单击"路径文字工具"按钮，如下左图所示。

02 在字幕设计区中，通过在左侧和右侧依次单击，创建一个直线路径，如下右图所示。

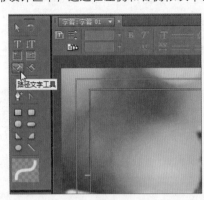 

5. 编辑路径

01 在字幕工具面板中单击"添加锚点工具"按钮，在字幕设计区中的字幕路径上单击，添加一个锚点，效果如下左图所示。

02 在添加控制定位点之后，在字幕工具面板中选择转换定位点工具，使用该工具对路径进行调整，完成后路径效果如下右图所示。

6. 输入文字并设置文字颜色

01 在字幕工具面板中单击"路径文字工具"按钮，进入文本输入状态后，输入文本"Happy Birthday Cake"，如下左图所示。

02 选中输入的文本，在"字幕属性"面板的"填充"卷展栏中，设置字幕的颜色为粉色，RGB值为(200, 100, 100)，字幕效果如下右图所示。

 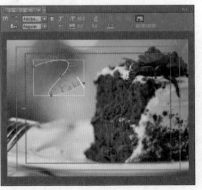

7. 调整字体大小与方向

01 在"字幕属性"面板中，设置"旋转"参数以及字幕文字大小参数，如下左图所示。

02 在设置字幕"属性"及"变换"卷展栏中的参数后，在字幕设计区浏览设置参数后的字幕效果，如下右图所示。

8. 调整路径字幕

01 在"字幕属性"面板中，设置"字符间距"参数为1.5，如下左图所示。

02 在字幕设计区，仔细调整字幕路径中曲线的弯曲程度，通过在单词之间添加空格等方法来调整字幕，完成后字幕效果如下右图所示。

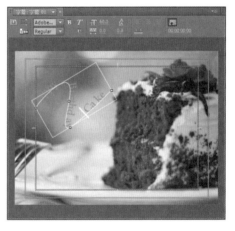

最后，关闭字幕设计面板，将制作的字幕插入到时间线面板中，按下快捷键Ctrl+S，将当前编辑的项目保存。

4.3 为字幕添加艺术效果

字幕设计面板的功能非常强大，包含了几乎所有的文字编辑功能，如文字的输入、选择文字、设置文字的位置与尺寸，以及为字体添加颜色、描边、阴影、纹理、应用样式效果等，利用字幕设计面板中的命令与工具，能够制作出各种炫丽的字幕效果。

4.3.1 设置字体类型

在Premiere中，为方便用户控制字幕字体样式或者方便用户制作出字体类型多元化的字幕效果，系统为用户提供了控制字幕字体类型的组件。

打开字幕设计器面板之后，在字幕设计区中输入字幕文字之后，通过以下两个途径，可设置字幕的字体类型。

1.字幕设计器面板

在字幕设计器面板中，选择需要替换字体的文字后，在该面板上部的工具栏中单击"字体类型"下拉按钮，在弹出的字体类型下拉列表中，为选中的文字选择一种字体，如下左图所示，即可为选中的文字替换字体类型，效果如下右图所示。

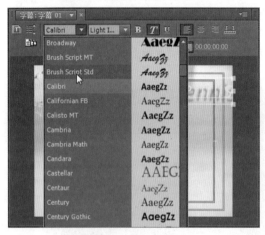

2."字幕属性"面板

"字幕属性"面板主要用于控制字幕的大小、阴影、描边等属性，当然也能控制文字字体类型属性。应用效果如下图所示。

4.3.2　设置字体颜色

字幕字体的颜色是画面中重要的视觉元素，它决定了字体的表面颜色效果，对整个画面效果的影响非常大。若字幕的文字颜色与画面的整体色调不协调，会严重影响整个画面的美感。

在Premiere中，所创建的字幕的颜色并不是一成不变的。在字幕设计区中选择字幕之后，在字幕设计面板右侧的"字幕属性"面板中，通过设置"填充"卷展栏中的"填充类型"和"颜色"参数，可以制作出多种视觉效果的字幕。

在"字幕属性"面板的"填充"卷展栏中，单击"填充类型"下拉按钮，即可打开字幕颜色填充的选择类型，如下图所示。

- **"实底"选项**：选择该选项，字幕将以单一颜色显示，用户可以通过设置不同的颜色来调整字幕的颜色。设置下左图的颜色参数后，字幕效果如下右图所示。

- **"线性渐变"选项**：选择该选项后，"颜色"后面的色块也会发生变化，由两种颜色控制字幕颜色渐变效果。设置下左图的颜色参数后，字幕设计区中字幕效果如下右图所示。

●**"径向渐变"选项**：选择该字幕颜色填充类型，通过设置字幕颜色，能制作出圆形渐变的字幕效果。设置下左图的参数后，字幕效果如下右图所示。

●**"四色渐变"选项**：选择该字幕颜色填充类型之后，"颜色"后面的色块将变为四角可控制的控件，通过为四角设置不同的颜色参数，可制作出四种颜色相互渐变的字幕。设置下左图的参数后，字幕效果如下右图所示。

●**"斜面"选项**：选择该字幕颜色填充类型，字幕文字部分会产生立体的浮雕效果。该填充类型常用于制作浮雕文字效果。设置下左图的参数后，字幕效果如下右图所示。

实例08 制作浮雕效果字幕

在影视节目制作过程中，会根据不同的背景给字幕添加不同的效果。浮雕效果是在字幕中经常使用的艺术效果，该效果给人一种厚重的感觉。下面将通过实例操作，向读者介绍浮雕字幕的制作方法。

1. 新建项目并导入素材

01 新建项目，在"新建序列"对话框中设置项目序列参数，如下左图所示。

02 将素材文件夹中的"提拉米苏.jpg"素材导入到项目面板中，如下右图所示。

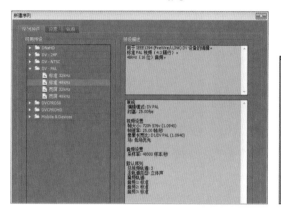

2. 插入素材

01 将导入到项目面板中的"提拉米苏.jpg"图形素材插入到时间轴面板的V1轨道开始处，如下左图所示。

02 打开节目监视器面板，在该面板中浏览素材的效果，如下右图所示。

3. 新建字幕

01 在项目面板工具栏中单击"新建项"按钮，在弹出的快捷菜单中执行"字幕"命令，如下左图所示。

02 在打开的"新建字幕"对话框中设置字幕的"宽度"、"高度"、"像素长宽比"等参数，如下右图所示。

4. 设置字幕属性

01 单击"确定"按钮之后，在弹出的字幕设计面板的字幕设计区中，使用输入工具创建字幕"tira-misu"，如下左图所示。

02 在"字幕属性"面板中，为字幕设置相应参数，如下右图所示。

5. 设置斜面效果

01 完成上述操作之后，即可在字幕设计区中观看字幕效果，如下左图所示。

02 在"字幕属性"面板中，选择"填充类型"为"斜面"，并设置相应参数如下右图所示。

6. 保存编辑项目

01 关闭字幕设计面板，将制作的字幕插入到时间线面板中，按下Ctrl+S快捷键，对当前编辑的项目进行保存，如下左图所示。

02 完成上述操作后，在节目监视器面板中可观看效果，如下右图所示。

4.3.3　添加描边效果

描边效果即为沿着文字笔画的边缘，向内或者向外填充与字体本身颜色不同的颜色，作为文字的边缘，向内填充颜色叫作内描边，向外填充颜色叫作外描边。设置字幕文字描边效果的参数位于"字幕属性"面板的"描边"卷展栏中，该卷展栏如下左图所示。

在默认情况下，该卷展栏中只有"内描边"和"外描边"两个参数，并且这两个参数下没有子参数，如下中图所示，表示当前字幕没有应用描边效果，字幕效果如下右图所示。

在"描边"卷展栏中添加与删除描边，默认情况下字幕并没有描边参数，单击"添加"按钮即可为字幕添加一个描边效果；若在添加的描边参数后单击"删除"按钮，即可将当前的描边效果清除。

若需要为字幕添加外描边效果，只需单击"外描边"选项后的"添加"按钮，在添加的描边参数中设置描边的"大小"、"类型"等参数，设置外描边效果。设置下左图的参数后，字幕外描边效果如下右图所示。

4.3.4　使用字幕样式

在前面的小节中，已经介绍了字幕的创建、设置基本参数、添加各种艺术效果等操作，但是调节如此多的参数来制作字幕效果是比较繁琐的，而"字幕样式"面板的应用将使字幕设计工作变得简单而轻松。

在"字幕样式"面板中，用户可以看到该面板中只是一些字体样式的缩略图，并没有其他的控制按钮，因此在这里有必要向读者介绍"字幕样式"面板中的各种命令以及为字幕应用样式的方法。

1. 右击已有字幕样式

通过右击字幕样式并打开快捷菜单执行操作，如右图所示。

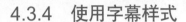

其中，快捷菜单中各命令的含义介绍如下：

- **应用样式**：执行该命令，将当前的字幕样式完全应用于字幕。
- **应用带字体大小的样式**：执行该命令，在应用当前字幕样式同时，为字幕文字应用文字大小属性。
- **仅应用样式颜色**：执行该命令，仅将当前字幕样式的颜色应用于字幕，字幕样式的字体类型、字体大小等属性将不应用于字幕。
- **复制样式**：执行该命令，可对当前的样式进行复制。
- **删除样式**：执行该命令，即可将当前被选择的样式删除掉。
- **重命名样式**：执行该命令，即可在弹出的"重命名样式"对话框中重命名字幕样式。
- **仅文本**：执行该命令之后，"字幕样式"面板中的所有字幕样式以文本的样式显示。
- **小缩览图**：执行该命令以后，"字幕样式"面板中的所有字幕样式以小缩略图的方式显示。
- **大缩览图**：为方便用户预览"字幕样式"面板中的字幕样式，默认参数下，Premiere将字幕样式以大缩略图的方式显示。

> **提示** 上述介绍的"仅文本"、"小缩览图"、"大缩览图"三个选项，并不能对"字幕样式"面板中的字幕样式产生质的影响，仅仅是控制样式在该面板中的显示效果。

2. 右击"字幕样式"面板空白处

若在"字幕样式"面板空白处单击鼠标右键，将打开右图的快捷菜单。

快捷菜单中各选项的含义介绍如下：

- **新建样式**：执行该命令，将当前制作的字幕样式新建为一种新的样式，并在"字幕样式"面板中显示。
- **重置样式库**：该命令主要用于将当前"字幕样式"面板中显示的样式库重置为默认状态。
- **追加样式库**：该命令主要用于将外部样式库添加到当前的样式库中。
- **存储样式库**：执行该命令，可将当前的字幕样式库进行保存，方便以后调用。
- **替换样式库**：执行该命令以后，在弹出的"打开样式库"对话框中打开样式库文件，可更新当前的字幕样式库。

知识延伸：学会应用字体库

许多用户在创建字幕时，往往会遇到所创建的字幕部分或者全部文字无法正常显示的问题。针对这一问题，其原因及解决方法主要有以下两种。

1. 英文字体显示错误

英文字体显示错误主要是因为字体类型的选择不正确。例如，为英文字幕选择的字体类型是图像型，如下左图所示。选择这种类型的字体类型，输入英文文字将显示为所对应的图像，如下右图所示。

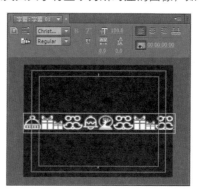

除图像类型的文字字体不能正确显示外，几乎所有的字体类型都支持英文字体，因此解决这一问题的方法很简单，只要将英文字体的图像类型替换为其他字体类型即可，如下左图所示。替换后英文字幕效果如下右图所示。

2. 中文字体不完全显示

与前面所介绍的英文字体相比，中文字体由于受到字体类型显示的限制，如下左图所示，会导致部分甚至所有字体都无法正常显示，如下右图所示。

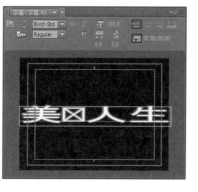

解决中文字体显示不全的方法也是更换字幕的字体类型。需要注意的是，由于支持中文字体的字体类型较少，因此在替换字幕的字体类型时，要注意选择正确的字体类型。若选择的字体类型依然不能使中文字体正常显示，那么还需要继续更换字体类型，直至字幕中所有的中文字体都正常显示。

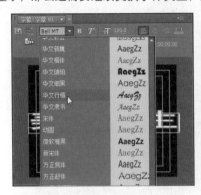 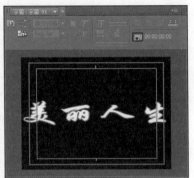

 上机实训：制作旋转字幕

学习完本章的知识点后，下面将通过具体的实例应用来介绍制作旋转字幕的具体操作方法。

1. 新建项目并导入素材

步骤 01 新建项目，在"新建序列"对话框中设置项目序列参数，如下图所示。

步骤 02 将"第四章"文件夹中的"巧克力.jpg"素材导入到项目面板中，如下图所示。

2. 插入素材

步骤 01 将导入到项目面板中的"巧克力.jpg"图形素材插入到时间轴面板的V1轨道开始处，如下图所示。

步骤 02 打开节目监视器面板，在该面板中浏览素材的效果，如下图所示。

3. 创建字幕

步骤 01 在项目面板工具栏中单击"新建项"按钮，在弹出的快捷菜单中执行"字幕"命令，如下图所示。

步骤 02 在打开的"新建字幕"对话框中，设置字幕的"宽度"、"高度"、"像素长宽比"等参数，如下图所示。

4. 设置字幕属性

步骤 01 单击"确定"按钮后，在弹出的字幕设计面板的字幕设计区中，使用输入工具创建字幕"chocolate"，如下图所示。

步骤 02 在"字幕属性"面板中，为字幕设置相应参数，如下图所示。

步骤 03 勾选"填充"复选框，设置相应参数，如下图所示。

步骤 04 完成上述操作之后，即可在工作区观看字幕效果，如下图所示。

5. 设置字幕旋转效果

步骤 01 关闭字幕设计面板，将"字幕01"添加到时间轴面板上的V2轨道上，如下图所示。

步骤 03 将时间指示器拖至00:00:01:00的位置，设置"缩放"、"旋转"和"不透明度"参数如下图所示。

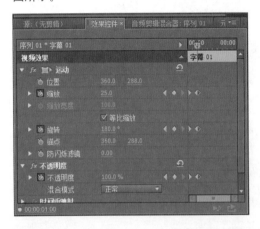

步骤 05 将时间指示器拖至00:00:04:00的位置，设置"缩放"、"旋转"和"不透明度"参数如下图所示。

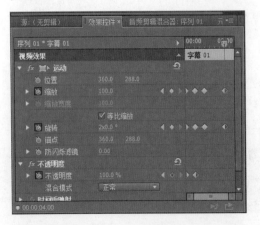

步骤 02 打开"效果控件"面板，单击"缩放"、"旋转"和"不透明度"选项左侧的"切换动画"按钮，设置参数如下图所示。

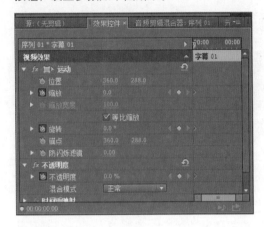

步骤 04 用同样的方法在00:00:02:00处，设置参数如下图所示。

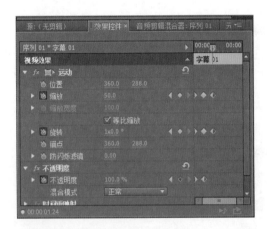

步骤 06 完成上述操作之后，即可在节目监视器面板中预览效果，如下图所示。

课后实践

1. 制作字幕扭曲效果。

操作要点

01 掌握新建字幕的几种不同方法;

02 字幕样式的选择以及字幕颜色的搭配,要与背景风格一致;

03 在"字幕属性"面板中展开"扭曲"卷展栏,调整相应参数。

2. 制作图形字幕。

操作要点

01 掌握字幕工具区里绘图类工具的使用;

02 利用字幕的复制制作出叠加效果;

03 调整字幕的位置和大小制作下图效果。

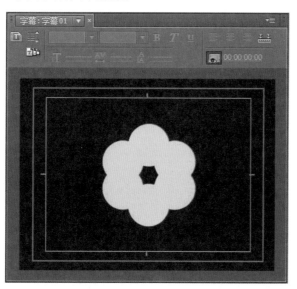

Chapter 05 视频过渡效果的应用

本章概述

一部完整的影视作品是由很多个镜头组成的，镜头之间组合显示的变化称为过渡。视频过渡特效可以使素材剪辑在影片中出现或消失，使素材影像间的切换变得平滑流畅。本章将向读者介绍如何为视频的片段与片段之间添加过渡效果。

核心知识点

❶ 认识视频过渡方式
❷ 了解视频过渡的作用
❸ 设置视频过渡特效
❹ 运用视频过渡效果

5.1 认识视频过渡

视频过渡是指两个场景(即两段素材)之间，采用一定的技巧，如划像、叠变、卷页等，实现场景或情节之间的平滑过渡，达到丰富画面，吸引观众的效果。

5.1.1 视频过渡的方式

对于视频制作人员来说，合理地为素材添加一些视频过渡特效，能够使原本不衔接、跨越感较强的两段或者多段素材在过渡时能够更加平滑、顺畅，不仅能使编辑的画面更加流畅、美观，还能提高用户编辑影片的效率。

Premiere的视频过渡特效位于"效果"面板的"视频过渡"卷展栏中，如下图所示。

添加视频过渡特效的方法其实还是比较简单的，只需在"效果"面板中选择需要添加的视频过渡特效，按住鼠标左键并拖动，如下左图所示，将被选择的视频过渡特效拖动到时间线面板中的目标素材上，释放鼠标，如下右图所示，即可完成添加视频过渡特效的操作。

5.1.2　视频过渡特效的设置

将视频过渡特效添加到两个素材连接处后，在时间线面板中选择添加的视频过渡特效，如下左图所示，打开"效果控件"面板，即可设置该视频过渡特效的参数，如下右图所示。

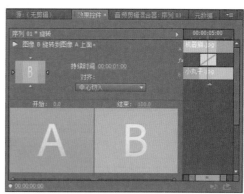

1. 设置视频过渡特效持续时间

在打开的"效果控件"面板中，用户可以通过设置"持续时间"参数，控制整个视频过渡特效的持续时间。该参数值越大，视频过渡特效所持续的时间也就越长；参数值越小，视频过渡特效所持续的时间也就越短。在"效果控件"面板中设置"持续时间"参数，如下左图所示，画面效果如下右图示。

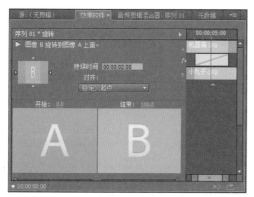

2. 设置视频过渡特效的开始位置

在"效果控件"面板的左上角，有一个用于控制视频过渡特效开始位置的控件，该控件因视频过渡特效的不同而不同。下面以"棋盘擦除"视频过渡特效为例，介绍视频过渡特效开始位置的设置方法。

01 将"棋盘擦除"视频过渡特效添加到"蜡笔小新.jpg"素材开始处，如下左图所示。

02 选中素材上的"棋盘擦除"视频过渡特效，切换到"效果控件"面板，如下右图所示。

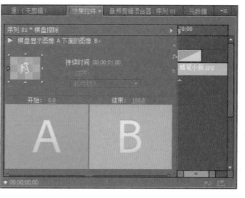

03 单击"效果控件"面板左上角灰色三角形,选中"自西北向东南"为视频过渡特效开始位置,如下左图所示。

04 完成上述操作之后,即可观看视频过渡效果,如下右图所示。

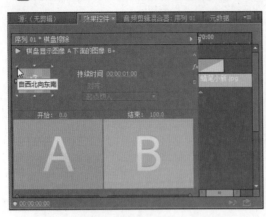 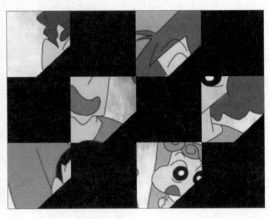

从上面可以看到,"棋盘擦除"视频过渡特效的开始位置是可以调整的,并且视频过渡特效只能以一个点为开始位置,无法以多个点为开始位置。

3. 设置特效对齐参数

在"效果控件"面板中,"对齐"参数用于控制视频过渡特效的切割对齐方式,这些对齐方式分别为"中心切入"、"起点切入"、"终点切入"及"自定义起点"4种,如下图所示。

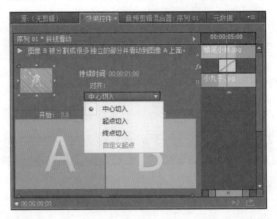

● **中心切入**:当用户将视频过渡特效插入两素材中心位置时,在"效果控件"面板的"对齐"选项中选择"中心切入"对齐方式,视频过渡特效位于两素材之间的中心位置,所占用的两素材均等,在时间线面板中添加的视频过渡特效如下左图所示,画面效果如下右图所示。

中文版Premiere Pro CC艺术设计实训案例教程

- **起点切入**：当用户将视频过渡特效添加到某素材的开始端时，在"效果控件"面板的"对齐"选项中选择显示视频过渡特效对齐方式为"起点切入"，如下左图所示，画面效果如下右图所示。

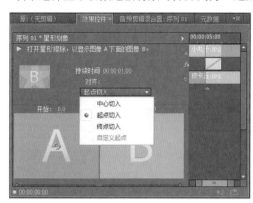 

- **终点切入**：当用户将视频过渡特效添加于素材的结束位置时，在"效果控件"面板的"对齐"选项中选择显示视频过渡特效对齐方式为"终点切入"，如下左图所示，画面效果如下右图所示。

- **自定义起点**：除了前面所介绍的"中心切入"、"起点切入"、"终点切入"对齐方式，用户还可以自定义视频过渡特效起点的对齐方式。在时间线面板中，选择添加的视频过渡特效，单击鼠标左键并拖动，如下左图所示；在调整视频过渡特效的对齐位置之后，系统自动将视频过渡特效的对齐方式切换为"自定义起点"，如下右图所示。

 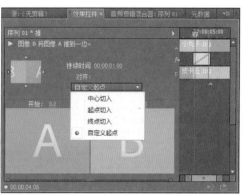

4. 显示实际素材

在"效果控件"面板中，有两个视频过渡特效预览区域，分别为A和B，用于分别显示应用于A和B两素材上的视频过渡效果。为了能更好地根据素材来设置视频过渡特效的参数，需要在这两个预览区中显示出素材的效果。"显示实际源"参数用于在视频过渡特效预览区域中显示出实际的素材效果，默认状态为不启用，如下左图所示。勾选该参数后的复选框，在视频过渡特效预览区中显示出素材的实际效果，如下右图所示。

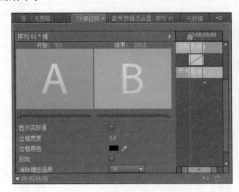 

5. 控制视频过渡特效的开始、结束效果

在视频过渡特效预览区上部，有两个控制视频过渡特效开始、结束的控件，即"开始"、"结束"选项参数。

- **开始**："开始"参数用于控制视频过渡特效开始的位置，默认参数为0，表示视频过渡特效将从整个视频过渡过程的开始位置开始视频过渡。若将该参数设置为10，如下左图所示，表示视频过渡特效以整个视频过渡特效的10%位置开始视频过渡，效果如下右图所示。

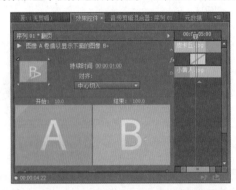 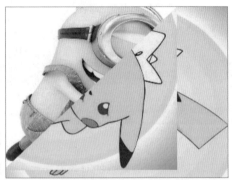

- **结束**："结束"参数用于控制视频过渡特效结束的位置，默认参数为100，表示在视频过渡特效的结束位置，完成所有的视频过渡过程。若用户将该参数设置为90，如下左图所示，表示视频过渡特效结束时，视频过渡特效只是完成了整个视频过渡的90%，效果如下右图所示。

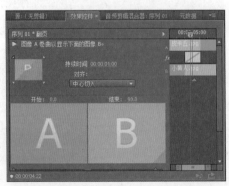 

6. 设置边框大小及颜色

部分视频过渡特效在视频过渡的过程中会产生一定的边框效果，而在"效果控件"面板中就有用于控制这些边框效果宽度、颜色的参数，如"边框宽度"和"边框颜色"参数。

- **边框宽度**："边框宽度"参数用于控制视频过渡特效在视频过渡过程中形成的边框的宽窄。该参数值越大，边框宽度也就越大；若该参数值越小，边框宽度也就越小。默认参数值为0，不同"边框宽度"参数下，视频过渡特效的边框效果也不同，如下图所示的边框宽度分别为20和50。

- **边框颜色**："边框颜色"参数用于控制边框的颜色。单击"边框颜色"参数后的色块，在弹出的"拾色器"对话框中设置边框的颜色参数；或者选择色块之后的吸管工具，在视图中直接吸取屏幕画面中的颜色作为边框的颜色。通过"拾色器"对话框设置边框颜色的效果如下左图所示；利用吸管工具吸取屏幕中的颜色来定义边框颜色的效果如下右图所示。

 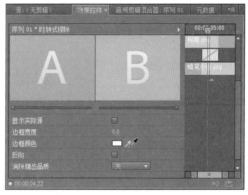

7. 反向视频过渡特效

在为素材添加视频过渡特效之后，视频过渡特效按照定义的变化进行视频过渡，而在"效果控件"面板中却没有参数用于自定义视频过渡特效的过渡效果，例如"时钟式擦除"视频过渡特效按照顺时针方向进行视频过渡，当用户需要调整"时钟式擦除"视频过渡特效的过渡方向时，只能通过勾选"反向"复选框来反转视频过渡特效。未勾选"反向"复选框时画面效果如下左图所示，勾选"反向"复选框后，画面效果如下右图所示。

5.2　运用视频过渡特效

作为一款非常优秀的视频编辑软件，Premiere内置了许多视频过渡特效供用户选用。巧妙运用这些视频过渡特效，可以为制作出的影片增色不少。下面将对系统内置的各种视频过渡特效进行简要介绍。

5.2.1　"3D运动"视频过渡特效组

"3D运动"组的视频过渡特效可以模仿三维空间的运动效果，其包括了"立方体旋转"、"帘式"、"门"和"翻转"等总共10种视频过渡特效。

● **"向上折叠"视频过渡特效**：在该视频过渡特效中，图像A如同一张纸片一样被折叠起来，而图像B因图像A被折叠而逐渐显现。

● **"帘式"视频过渡特效**：在该视频过渡特效中，图像A就像窗帘一样被掀开，图像B随着图像A的掀开而显示出来。

● **"摆入"视频过渡特效**：在该视频过渡特效中，图像B就如同一单扇门一样沿着一条轴线摆动关闭，将图像A关闭在"门"之后。

● **"摆出"视频过渡特效**：在该视频过渡特效中，图像B就如同一扇门从外向内关闭，图像A被关于"门"之后。

● **"旋转"视频过渡特效**：在该视频过渡特效中，图像B从图像A的中心出现并逐渐伸展开，最后覆盖整个图像A。

● **"旋转离开"视频过渡特效**：在该视频过渡特效中，图像B就如同竖立于图像A上的一页纸，逐渐翻转放平并覆盖图像A。

- **"立方体旋转"视频过渡特效**：在该视频过渡特效中，图像A与图像B就像是一个立方体的两个不同的面。立方体旋转，其中一个面随着立方体的旋转而离开，另一个面则随着立方体的旋转出现。
- **"筋斗过渡"视频过渡特效**：在该视频过渡效果中，2个相邻片段的过渡以图像A像翻筋斗一样翻出，显现出图像B的形式来实现的，效果就像翻筋斗一样。

- **"翻转"视频过渡特效**：在该视频过渡特效中图像A和图像B组成纸片的两个面，在翻转过程中一个面离开，而另一个面出现。
- **"门"视频过渡特效**：在该视频过渡特效中，图像B如同关闭两扇门一样从屏幕两侧进入并逐步占据整个画面，图像A则被"关闭"在"门"后。

5.2.2 "伸缩"视频过渡特效组

"伸缩"组的视频过渡特效主要是将图像B以多种形状展开，最后覆盖图像A。主要包括"交叉伸展"、"伸展"、"伸展覆盖"和"伸展进入"4种视频过渡特效。

- **"交叉伸展"视频过渡特效**：在该视频过渡特效中，图像B从一边延展进入，同时图像A向另一边收缩消失，最终实现图像B覆盖图像A的效果。
- **"伸展"视频过渡特效**：该视频过渡特效的效果是图像A保持不动，图像B延展覆盖图像A。

- **"伸展覆盖"视频过渡特效**：在该视频过渡特效中，图像B从图像A的中心线性放大，从而覆盖图像A。
- **"伸展进入"视频过渡特效**：在该视频过渡特效中，图像B是从完全透明开始，以被放大的状态，逐渐缩小并变成不透明，最终覆盖图像A。

5.2.3 "划像"视频过渡特效组

"划像"组视频过渡特效是通过分割画面来完成场景转换的，该组包含了"盒形划像"、"交叉划像"、"菱形划像"、"点划像"等7种划像视频过渡特效。

- **"交叉划像"视频过渡特效**：在"交叉划像"视频过渡特效中，图像B以一个十字形出现且图形愈来愈大，以至于将图像A完全覆盖。
- **"划像形状"视频过渡特效**：在"划像形状"视频过渡特效中，图像B以用户自定义的细小图形在图像A上出现，几何图像逐渐放大直至充满画面并覆盖图像A。

- **"圆划像"视频过渡特效**：在"圆划像"视频过渡特效中，图像B呈圆形在图像A上展开并逐渐覆盖整个图像A。
- **"星形划像"视频过渡特效**：在"星形划像"视频过渡特效中，图像B以一个五角星的形状在图像A中出现，并随着五角星的逐渐放大而逐步占据画面，直至最终充满整个画面。

- **"点划像"视频过渡特效**：在"点划像"视频过渡特效中，图像A以一个斜十字形逐渐消失于画面并呈现出图像B。
- **"盒形划像"视频过渡特效**：在"盒形划像"视频过渡特效中，图像B以盒子形状从图像的中心划开，盒子形状逐渐增大，直至充满整个画面并全部覆盖住图像A。

- **"菱形划像"视频过渡特效**：在"菱形划像"视频过渡特效中，图像B以菱形图像形式在图像A的任何位置出现并且菱形的形状逐渐展开，直至覆盖图像A。

提示 设置星形划像的位置，在为素材添加了"星形划像"视频过渡特效之后，在该视频过渡特效的"效果控件"面板中，可以调整视频过渡特效的划像变化位置。

5.2.4 "擦除"视频过渡特效组

"擦除"组的视频过渡特效主要是以各种方式将图像擦除来完成场景的转换。该组包含了"带状擦除"、"双侧平推门"、"棋盘擦除"、"棋盘"、"时钟式擦除"等17种视频过渡特效。

- **"划出"视频过渡特效**：在"划出"视频过渡特效中，图像B逐渐擦除图像A。
- **"双侧平推门"视频过渡特效**：在"双侧平推门"视频过渡特效中，图像A如同两扇门被拉开，逐渐露出后面图像B。

- **"带状擦除"视频过渡特效**：在"带状擦除"视频过渡特效中，图像B呈带状从画面的两边插入，最终组成完整的图像并将图像A覆盖。
- **"径向擦除"视频过渡特效**：在"径向擦除"视频过渡特效中，图像B从画面的某一角以射线扫描的状态出现，将图像A擦除。

提示 "带状滑动"视频过渡特效与"带状擦除"视频过渡特效的变化效果具有很大的相似性，都是图像B呈带状从画面的两边插入，最终组成完整的图像并将图像A覆盖。

- **"插入"视频过渡特效**：在该特效中，图像B从图像A的一角插入，最终完全将图像A覆盖。
- **"时钟式擦除"视频过渡特效**：在该特效中，图像B以时钟转动的形式将图像A擦除。

- **"棋盘"视频过渡特效**：在"棋盘"视频过渡特效中，图像B如同跳棋的棋盘一样被分为多个小格，小格在画面中从上至下坠落，最终堆砌成完整的图像并将图像A覆盖。
- **"棋盘擦除"视频过渡特效**：在"棋盘擦除"视频过渡特效中，图像B呈多个板块在图像A上出现，并逐渐延伸，最终组合成完整的图像将图像A覆盖。

- **"楔形擦除"视频过渡特效**：在该特效中，图像B从图像A的中心处以楔形旋转划入。
- **"水波块"视频过渡特效**：在该特效中，图像B是以来回往复换行推进的方式逐渐擦除图像A。

- **"油漆飞溅"视频过渡特效**：在"油漆飞溅"视频过渡特效中，图像B以泼溅墨点方式出现在图像A上，墨点愈来愈多，最终将图像A覆盖。
- **"渐变擦除"视频过渡特效**：在"渐变擦除"视频过渡特效中，将以一个参考图像的灰度值作为渐变依据，按照参考图像由黑到白的灰度值将图像A擦除，显示出底部的图像B。

- **"百叶窗"视频过渡特效**：在"百叶窗"视频过渡特效中，图像B是以百叶窗的形式逐渐展开，最终覆盖图像A。
- **"螺旋框"视频过渡特效**：在"螺旋框"视频过渡特效中，图像B是以从外向内螺旋状推进的方式出现，最终覆盖图像A。

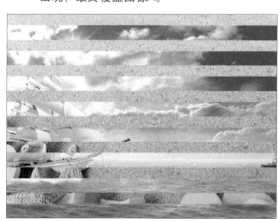 

● **"随机块"视频过渡特效**：在"随机块"视频过渡特效中，图像B以小方块的形状随机出现，随着小方块的数量愈来愈多，图像A逐渐被覆盖。

提示 "油漆飞溅"视频过渡特效具有强烈的艺术感，适合于一些高雅艺术素材之间的视频过渡，鉴于该视频过渡特效对素材艺术氛围要求较高，因此用户在使用该视频过渡特效时，要注意素材是否适合使用该视频过渡特效。

● **"随机擦除"视频过渡特效**：在"随机擦除"视频过渡特效中，图像B沿选择的方向呈随机块逐渐擦除图像A。
● **"风车"视频过渡特效**：在"风车"视频过渡特效中，图像B以风车转动方式出现，旋转的风车扇叶逐渐变大直至完全覆盖图像A。

实例09 镜头的渐变擦除效果

本案例将添加"擦除"视频过渡效果组中的"渐变擦除"效果，通过对本案例的学习，读者可以掌握镜头渐变擦除过渡效果的实现方法。

1. 新建项目并导入素材

01 新建项目，在"新建序列"对话框中设置项目序列参数，如下左图所示。
02 将实例文件"动漫"文件夹中的图像素材导入到项目面板中，如下右图所示。

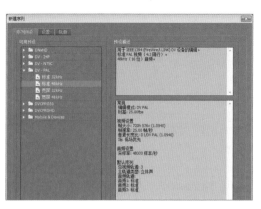
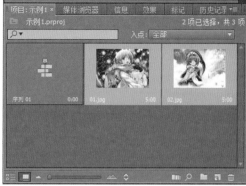

2. 插入素材

01 将导入到项目面板中的图像素材插入到时间线面板中，如下左图所示。

02 打开节目监视器面板，在该面板中浏览图像素材，如下右图所示。

3. 添加"渐变擦除"视频过渡特效

01 打开"效果"面板，依次展开"视频过渡＞擦除"卷展栏，选择"渐变擦除"视频过渡特效，如下左图所示。

02 将选择的视频过渡特效添加到两素材连接处，如下右图所示。

4. 设置视频过渡特效参数

01 在弹出的"渐变擦除设置"对话框中设置参数，如下左图所示。

02 切换至"效果控件"面板，设置视频过渡特效的相关参数，如下右图所示。

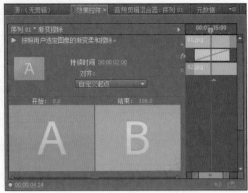

5. 保存编辑项目并预览

01 执行"文件>保存"命令，保存当前编辑项目，如下左图所示。

02 完成上述操作之后，即可在节目监视器面板预览过渡效果，如下右图所示。

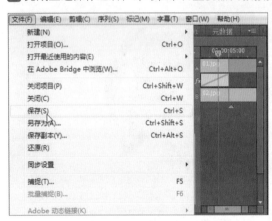

5.2.5 "映射"视频过渡特效组

"映射"组的视频过渡特效主要是将亮度或通道映射到另一幅图像上，产生两个图像中的亮度或色彩混合的静态图像效果。该组包含了"声道映射"和"明亮度映射"2种视频过渡特效。"映射"组的视频过渡特效如下图所示。

- **"声道映射"视频过渡特效**：在"声道映射"视频过渡特效中，从图像A中选择通道并映射到图像B，得到两个图像中色彩通道混合的效果。
- **"明亮度映射"视频过渡特效**：在"明亮度映射"视频过渡特效中，将图像A中像素的亮度映射到图像B上，产生像素的亮度混合效果。

中文版Premiere Pro CC艺术设计实训案例教程

5.2.6 "溶解"视频过渡特效组

"溶解"视频过渡特效组主要是以淡化、渗透等方式产生过渡效果，该类特效包括了"交叉溶解"、"叠加溶解"、"渐隐为白色"、"渐隐为黑色"等8种视频过渡特效。

- **"交叉溶解"视频过渡特效**：在该视频过渡特效中，图像A的不透明度逐渐降低直至完全透明，图像B则在图像A逐渐透明过程中慢慢显示出来。
- **"叠加溶解"视频过渡特效**：在该视频过渡特效中图像A和图像B以亮度叠加方式相互融合，图像A逐渐变亮的同时图像B逐渐出现在屏幕上。

- **"抖动溶解"视频过渡特效**：在该视频过渡特效中，图像B以小点方式逐渐替代图像A，而图像A则以小点方式逐渐消失。
- **"渐隐为白色"视频过渡特效**：在该视频过渡特效中，图像A逐渐变白而图像B则从白色中逐渐显现出来。

- **"渐隐为黑色"视频过渡特效**：在该视频过渡特效中，图像A逐渐变黑而图像B则从黑暗中逐渐显现出来。
- **"胶片溶解"视频过渡特效**：在该视频过渡特效中，图像A逐渐变色为胶片反色效果并逐渐消失，同时图像B也由胶片反色效果逐渐显现并回复正常色彩。

- **"随机反转"视频过渡特效**：在该视频过渡特效中，图像A以随机的板块形状逐渐消失，而图像B则以随机板块的方式出现，并最终占据整个屏幕。
- **"非叠加溶解"视频过渡特效**：在该视频过渡特效中，图像A从黑暗部分消失，而图像B则从最亮部分到最暗部分依次进入屏幕，直至最终完全占据整个屏幕。

实例10 应用镜头"叠加溶解"过渡效果

在认识Premiere所有的视频过渡特效之前，首先需要掌握视频过渡特效的添加方法以及控制方法。在本实例操作中，将向读者介绍如何为素材添加"叠加溶解"视频过渡特效。

1. 新建项目并导入素材

01 新建项目，在"新建序列"对话框中设置项目序列参数，如下左图所示。

02 将实例文件"春游"文件夹中的图像素材导入到项目面板中，如下右图所示。

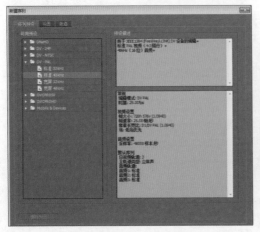 

2. 插入素材

01 将导入项目面板中的图像素材插入到时间线面板中，如下左图所示。

02 打开节目监视器面板，在该面板中浏览图像素材，如下右图所示。

3. 设置素材 "像素长宽比" 参数

01 返回至项目面板，在该面板中选择 "01.jpg" 图像素材，依次执行 "剪辑>修改>解释素材" 命令，如下左图所示。

02 在打开的 "修改素材" 对话框中，设置素材的 "像素长宽比" 参数，如下右图所示。

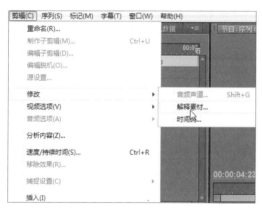
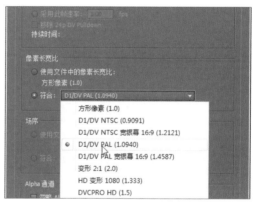

03 用同样的方法，选择 "02.jpg" 图像素材，设置素材的 "像素长宽比" 参数，如下左图所示。

04 完成上述操作后，即可在节目监视器面板观看效果，如下右图所示。

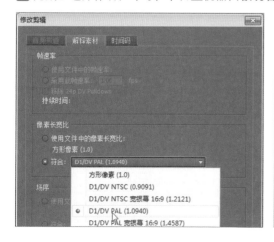

（右侧标签）
01 02 03 04 05 视频过渡效果的应用 06 07 08 09 10 11

4. 添加"叠加溶解"视频过渡特效

01 打开"效果"面板，依次展开"视频过渡>溶解"卷展栏，选择"叠加溶解"视频过渡特效，如下左图所示。

02 将选择的视频过渡特效添加到两素材连接处，如下右图所示。

5. 设置视频过渡特效参数

01 单击时间线面板上的"叠加溶解"特效，切换到"效果控件"面板，如下左图所示。

02 设置视频过渡特效的相关参数，如下右图所示。

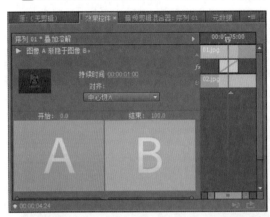 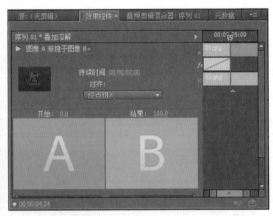

6. 保存编辑项目并预览

01 执行"文件>保存"命令，保存当前编辑项目，如下左图所示。

02 完成上述动作之后，即可在节目监视器面板预览过渡效果，如下右图所示。

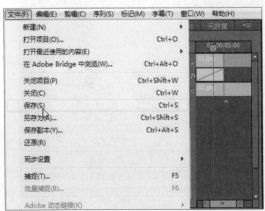 

5.2.7 "滑动"视频过渡特效组

"滑动"组视频过渡特效主要是通过运动画面的方式完成场景的转换，该组包含了"带状滑动"、"中心合并"、"中心拆分"、"多旋转"等12种视频过渡特效。

- ●**"中心合并"视频过渡特效**：在"中心合并"视频过渡特效中，图像A被分成4块并向画面中心收缩合并，最终消失在画面中，而图像B则在图像A收缩的过程中逐渐显现出来。
- ●**"中心拆分"视频过渡特效**：在"中心拆分"视频过渡特效中，图像A从画面中心分成4片并向4个方向滑行，逐渐露出图像B。

- ●**"互换"视频过渡特效**：在该特效中，图像B从图像后方转向前方，最终覆盖图像A。
- ●**"多旋转"视频过渡特效**：在该特效中，图像B以多个旋转的小方块出现，小方块在旋转的同时逐渐放大，最终组合成一个完整的图像，图像A在图像B逐渐形成的过程中被图像B覆盖。

- ●**"带状滑动"视频过渡特效**：在"带状滑动"视频过渡特效中，图像B以分散的带状从画面的两边向中心靠拢，合并成完整的图像并将图像A遮盖。
- ●**"拆分"视频过渡特效**：在"拆分"视频过渡特效中，图像A向两侧分裂，显现出图像B。

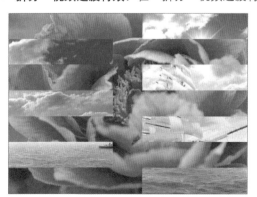 

- **"推"视频过渡特效**：在"推"视频过渡特效中，图像A和图像B左右并排在一起，图像B把图像A向一边推动使图像A离开画面，图像B逐渐占据图像A的位置。
- **"斜线滑动"视频过渡特效**：在"斜线滑动"视频过渡特效中，图像B以多条斜线的方式逐渐从画面的两端插入，最终组合成完整的图像并将图像A覆盖。

- **"旋绕"视频过渡特效**：在该特效中，图像B以斜向的自由线条方式划入图像A。
- **"滑动"视频过渡特效**：在该特效中，图像B从画面的左边到右边直接插入画面，将图像A覆盖。

- **"滑动带"视频过渡特效**：在"滑动带"视频过渡特效中，图像B以条带状在画面中出现，在条带运动过程中图像A逐渐被图像B替代。
- **"滑动框"视频过渡特效**：在"滑动框"视频过渡特效中，图像B被分为多个条状对象，以堆砌方式组成完整的图像并覆盖图像A。

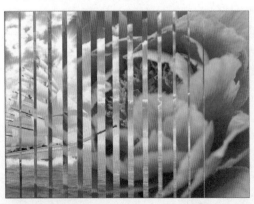 

提示 "推"视频过渡特效与"滑动"视频过渡特效的区别是：在"推"视频过渡特效中，图像A会因为图像B的推动而变形；而在"滑动"视频过渡特效中，图像A不受图像B的影响，图像B以整体滑动方式，覆盖图像A。

5.2.8 "特殊效果"视频过渡特效组

"特殊效果"组视频过渡主要是利用通道、遮罩以及纹理的合成作用来实现特殊的过渡效果。该组主要包含了"三维"、"纹理化"和"置换"3种视频过渡效果。

- **"三维"视频过渡特效**：在"三维"视频过渡特效中，将图像A映射到图像B的红色和蓝色通道中，从而形成混合效果。

- **"纹理化"视频过渡特效**：在该特效中，将图像A映射到图像B上，产生纹理贴图的效果。
- **"置换"视频过渡特效**：在该特效中，将图像A的RGB通道像素作为图像B的置换贴图。

5.2.9 "缩放"视频过渡特效组

"缩放"组视频过渡特效主要是通过将图像缩放以完成场景的转换。该组包含了"交叉缩放"、"缩放"等4种视频过渡特效。

- **"交叉缩放"视频过渡特效**：在"交叉缩放"视频过渡特效中，图像A被逐渐放大直至撑出画面，图像B以图像A最大的尺寸比例逐渐缩小进入画面，最终在画面中缩放成原始比例大小。
- **"缩放"视频过渡特效**：在该特效中，图像B从图像A的中心出现并逐渐放大，最终覆盖图像A。

提示 在为素材添加"缩放轨迹"视频过渡特效后，在"效果控件"面板中，用户可以自定义视频过渡特效的跟踪点。

- **"缩放框"视频过渡特效**：在"缩放框"视频过渡特效中，图像B以多个小方块的形式出现在图像A上，逐渐放大直至组合成完整的图像并覆盖住图像A。
- **"缩放轨迹"视频过渡特效**：在该特效中，图像A逐渐向画面的中心缩小，逐渐消失于画面。

实例11 制作镜头的"缩放轨迹"效果

本案例将使用"缩放"视频过渡效果组中的"缩放轨迹"视频过渡特效，制作出图像向画面中心缩小，逐渐消失于画面中的效果。通过本案例的学习，读者可以掌握该特效的实现方法。

1. 新建项目并导入素材

01 新建项目，在"新建序列"对话框中设置项目序列参数，如下左图所示。

02 将"第五章"文件夹中"冲浪"文件夹中的图像素材导入到项目面板中，如下右图所示。

2. 插入素材

01 将导入到"项目"面板中的图像插入到时间线面板中，如下左图所示。

02 打开节目监视器面板，在该面板中浏览图像素材，如下右图所示。

3. 设置素材"像素长宽比"参数

01 返回至项目面板，在该面板中选择"01.jpg"图像素材，依次执行"剪辑>修改>解释素材"命令，如下左图所示。

02 在打开的"修改素材"对话框中，设置素材的"像素长宽比"参数，如下右图所示。

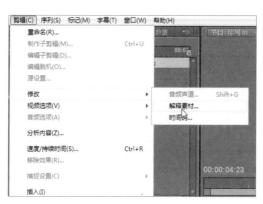
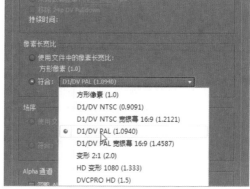

03 用同样的方法，选择"02.jpg"图像素材，设置素材的"像素长宽比"参数，如下左图所示。

04 完成上述操作后，即可在节目监视器面板观看效果，如下右图所示。

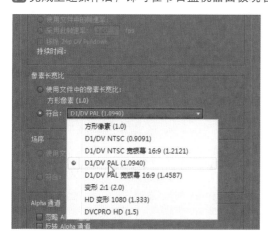

4. 添加"缩放轨迹"视频过渡特效

01 打开"效果"面板，依次展开"视频过渡>缩放"卷展栏，选择"缩放轨迹"视频过渡特效，如下左图所示。

02 将选择的视频过渡特效添加到两素材连接处，如下右图所示。

5. 设置视频过渡特效参数

01 单击时间线面板上的"缩放轨迹"特效，切换到"效果控件"面板，如下左图所示。

02 设置视频过渡特效的相关参数，如下右图所示。

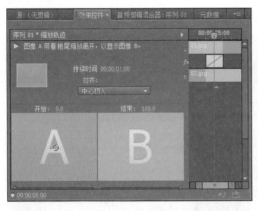 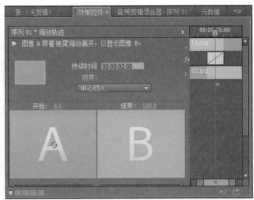

6. 保存编辑项目并预览

01 执行"文件>保存"命令，保存当前编辑项目，如下左图所示。

02 完成上述操作之后，即可在节目监视器面板预览过渡效果，如下右图所示。

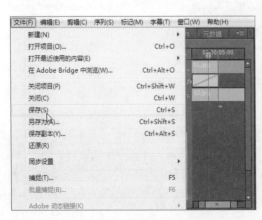 

5.2.10 "页面剥落"视频过渡特效组

"页面剥落"组视频过渡特效主要是使图像A以各种卷叶的动作形式消失，最终显示出图像B。该组包含了"中心剥落"、"剥开背面"等5种视频过渡特效。

- **"中心剥落"视频过渡特效**：在"中心剥落"视频过渡特效中，图像A从中心向四角卷曲，卷曲完成后最终显现出图像B。
- **"剥开背面"视频过渡特效**：在"剥开背面"视频过渡特效中，图像A由中心分成4块一次向四角卷曲，最终显现出图像B。

- **"卷走"视频过渡特效**：在"卷走"视频过渡特效中，图像A以滚轴动画的方式向一边滚动卷曲，滚动卷曲完成后最终显现出图像B。
- **"翻页"视频过渡特效**：在该特效中，图像A以页角对折的形式逐渐消失卷曲，显现出图像B。

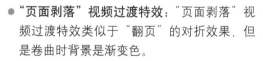

- **"页面剥落"视频过渡特效**："页面剥落"视频过渡特效类似于"翻页"的对折效果，但是卷曲时背景是渐变色。

实例12 制作镜头淡入淡出效果

　　淡入淡出效果是图片展示过程中，经常使用的视频过渡效果。本案例将通过制作镜头的淡入淡出效果，向读者介绍"交叉溶解"效果的运用。

1. 新建项目并导入素材

01 新建项目，在"新建序列"对话框中设置项目序列参数，如下左图所示。

02 将"第五章"文件夹中"教堂"文件夹所有图片素材导入到项目面板，如下右图所示。

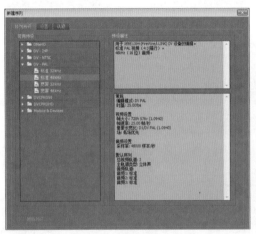

2. 新建颜色遮罩

01 在项目窗口中的空白处右击，在弹出的快捷菜单中执行"新建项目>颜色遮罩"命令，如下左图所示。

02 在弹出的"新建颜色遮罩"对话框中设置参数，如下右图所示。

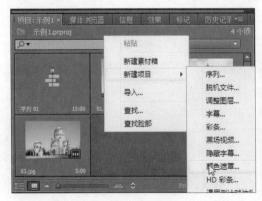

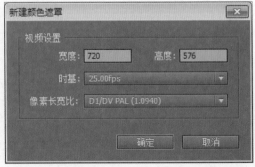

中文版Premiere Pro CC艺术设计实训案例教程

03 在弹出的"拾色器"对话框中，将颜色设置为白色，如下左图所示。

04 单击"确定"按钮，在弹出的"选择名称"对话框中输入名称，如下右图所示。

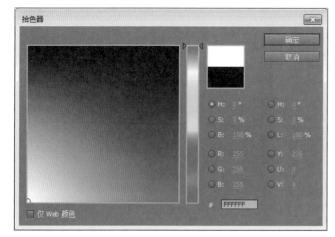

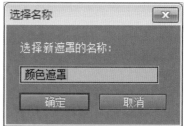

05 单击"确定"按钮，将创建完成的"颜色遮罩"添加到时间线面板的V1轨道上，如下左图所示。

06 设置"颜色遮罩"持续时间为00:00:15:00，如下右图所示。

3. 插入素材

01 将导入到项目面板中的图像素材插入到时间线面板的V2轨道开始处，如下左图所示。

02 打开节目监视器面板，在该面板中浏览素材，如下右图所示。

4. 添加"交叉溶解"视频过渡特效

01 在"效果"面板中，打开"视频过渡>溶解"卷展栏，选择"交叉溶解"视频过渡特效，如下左图所示。

02 将"交叉溶解"视频过渡特效添加到"01.jpg"和"02.jpg"素材中间，如下右图所示。

03 用同样的方法，将"交叉溶解"视频过渡特效添加到"02.jpg"和"03.jpg"素材中间，如下左图所示。

04 添加完成后，在节目监视器面板中，浏览该特效的视频过渡变化效果，如下右图所示。

5. 保存编辑项目并预览效果

01 在添加了视频过渡特效之后，执行"文件>保存"命令，对当前的编辑项目进行保存，如下左图所示。

02 完成上述动作后，即可在节目监视器面板预览过渡效果，如下右图所示。

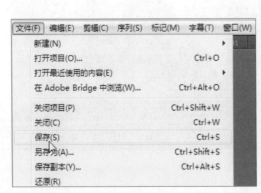 

5.3　外挂视频过渡特效

Premiere Pro CC除了自带的各种视频过渡特效外，还支持许多由第三方提供的外挂视频过渡特效插件，这些插件极大地丰富了Premiere Pro CC的视频制作效果。本节将介绍Cycore FX HD 1.7.1视频过渡特效插件。

1. 认识Cycore FX HD 1.7.1

第三方提供的插件一般情况下包含视频特效插件和视频过渡特效插件。新版的Cycore FX HD 1.7在安装完成后，视频过渡特效会显示在"效果"面板中"视频效果"卷展栏中的Transition（转换）组中，如右图所示。

> **提示** 若用户有该视频过渡特效的插件文件，只需将其拷贝到Premiere安装目录的Plugins下的Common文件夹中，再重新启动Premiere即可使用。

2. 素材放置方式

在使用Cycore FX HD 1.7.1插件的视频过渡特效前，需要了解使用该特效时，素材的放置方式，该视频过渡插件与使用Premiere默认视频过渡特效时，素材的放置方式不同。如需要实现两个素材之间的过渡，使用Premiere自带的视频过渡特效时，只需将视频过渡特效添加到两素材的连接处，如下左图所示。而使用该插件的视频过渡特效时，则需要将素材放置到两个不同轨道中，并且两素材要有一定的重叠，如下右图所示。

3. 实现视频过渡特效的方式

使用Cycore FX HD 1.7.1插件的视频过渡特效时，需要将视频过渡特效添加到高轨道的素材之上，然后打开该视频过渡特效的"效果控件"面板，通过为视频过渡特效参数添加动画关键帧，如下左图所示。即可实现视频过渡特效的变化效果，如下右图所示。

知识延伸：常见视频过渡插件

下面我们来认识一下Premiere中几款常用视频过渡插件。

1. CC Grid Wipe（CC网格擦拭）

CC Grid Wipe（CC网格擦拭）视频过渡特效是从图像A上出现网格，网格线条逐渐变粗，最终组合成完整的图像B。CC Grid Wipe（CC网格擦拭）视频过渡特效变化效果如下左图所示。

2. CC Twister（CC扭转）

在CC Twister（CC扭转）视频过渡特效中，图像A和图像B犹如一块画布的两面，"画布"在被翻转的同时，正面的图像A被替换成背面的图像B。该视频过渡特效变化效果如下右图所示。

3. CC Jaws（CC锯齿）

CC Jaws（CC锯齿）视频过渡特效从画面的水平或者垂直方向将图像A呈锯齿状切开，锯齿向画面的两边移动并将图像A擦拭掉，逐渐露出图像B。CC Jaws（CC锯齿）视频过渡特效变化效果如下左图所示。

4. CC Radial Scale Wipe（CC带有边缘扭曲的圆孔过渡）

在CC Radial Scale Wipe（CC扭转带有边缘扭曲的圆孔过渡）视频过渡特效中，图像A以带有边缘扭曲的圆孔向图像B过渡。该视频过渡特效变化效果如下右图所示。

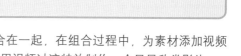

上机实训：制作风景欣赏影片

在制作一些风景欣赏影片时，需要将不同镜头的素材组合在一起，在组合过程中，为素材添加视频过渡特效能使素材间的过渡更加衔接、融洽。本案例将综合运用视频过渡特效制作一个风景欣赏影片。

1. 新建项目并导入素材

步骤 01 新建项目，在"新建序列"对话框中设置项目序列参数，如下图所示。

步骤 02 将"第五章"文件夹中的"景点"文件夹中所有图片素材导入到项目面板中，如下图所示。

2. 插入素材

步骤 01 将导入到项目面板中的"01~05.jpg"图像素材插入到时间线面板中，如下图所示。

步骤 02 打开节目监视器面板，在该面板中浏览素材，如下图所示。

05 视频过渡效果的应用

01
02
03
04
05
06
07
08
09
10
11

3. 浏览"03.jpg"素材

步骤 01 在时间线面板中，将时间滑块拖动至"03.jpg"素材开始处，如下图所示。

步骤 02 打开节目监视器面板，在该面板中可以看到素材的显示出现黑边问题，如下图所示。

4. 执行"解释素材"命令

步骤 01 在项目面板中选择"03.jpg"素材，依次执行"剪辑>修改>解释素材"命令，如下图所示。

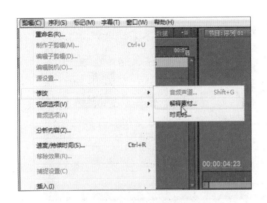

步骤 02 弹出"修改素材"对话框，在"像素长宽比"选项组中显示出素材默认的图像像素长宽比参数，如下图所示。

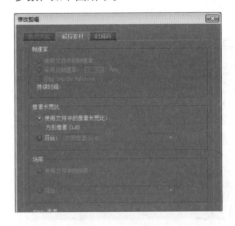

5. 修改素材"像素长宽比"参数

步骤 01 在"像素长宽比"选项组中，选择"符合为"单选按钮，单击该选项之后的下拉按钮，在展开的下拉列表中选择D1\DV PAL（1.0940）选项，如下图所示。

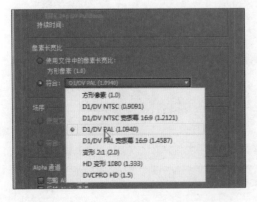

步骤 02 在设置参数之后，关闭"修改素材"对话框，打开节目监视器面板，在该面板中浏览素材效果，如下图所示。

6. 创建默认滚动字幕

步骤 01 把时间指示器拖到开始处，执行"字幕>新建字幕>默认滚动字幕"命令，如下图所示。

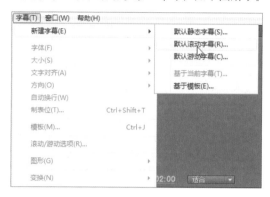

步骤 02 在弹出的"新建字幕"对话框中设置字幕的参数，如下图所示。

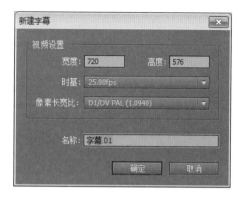

7. 创建字幕

步骤 01 在设置字幕参数后，打开字幕设计面板，在字幕工具面板中选择所需的输入工具，如下图所示。

步骤 02 在字幕设计区中，单击需要输入文字的位置，在文本框中输入"秀丽江山"，创建字幕的效果如下图所示。

8. 更改字体类型

步骤 01 在字幕设计区中选择创建的字幕，在"字幕属性"面板的"属性"卷展栏中，设置字体类型为STHeitiTC-Light，如下图所示。

步骤 02 在调整字幕的字体类型之后，打开"节目"监视器面板，在该面板中浏览设置字体类型之后的字幕效果，如下图所示。

9. 应用风格样式

步骤 01 在字幕设计区中选择创建的字幕，在"字幕样式"面板中选择一种字体风格样式，单击鼠标右键，在弹出的快捷菜单中执行"仅应用样式颜色"命令，如下图所示。

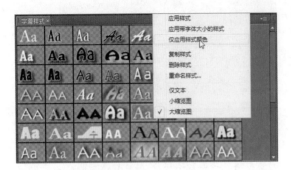

步骤 02 在"字幕样式"面板中为字幕应用风格样式的颜色之后，在字幕设计区中浏览字幕风格效果，如下图所示。

10. 插入字幕素材

步骤 01 关闭字幕设计面板，将保存于"项目"面板中的字幕插入到时间线面板的V2轨道开始处，如下图所示。

步骤 02 打开节目监视器面板，在该面板中拖动时间滑块，浏览字幕滚动效果，如下图所示。

11. 添加"叠加溶解"视频过渡特效

步骤 01 在"效果"面板中，将"溶解"组中的"叠加溶解"视频过渡特效分别添加到字幕素材的首尾部位，如下图所示。

步骤 02 在节目监视器面板中，浏览该特效的视频过渡变化效果，如下图所示。

12. 添加"带状擦除"视频过渡特效

步骤 01 在"效果"面板中,将"擦除"组中的"带状擦除"视频过渡特效添加到"02.jpg"素材的前部,如下图所示。

步骤 02 在节目监视器面板中浏览该特效的视频过渡变化效果,如下图所示。

13. 添加"菱形划像"和"棋盘"视频过渡特效

步骤 01 在"效果"面板中,将"划像"组中的"菱形划像"视频过渡特效添加到"02.jpg"与"03.jpg"素材连接处,如下图所示。

步骤 02 在"效果"面板中,将"擦除"组中的"棋盘"视频过渡特效添加到"03.jpg"与"04.jpg"素材连接处,如下图所示。

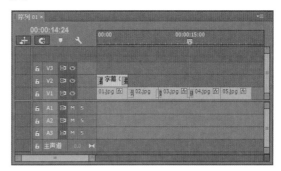

14. 添加"棋盘擦除"视频过渡特效

步骤 01 在"效果"面板中,将"擦除"组中的"棋盘擦除"视频过渡特效添加到"04.jpg"与"05.jpg"素材连接处,如下图所示。

步骤 02 在节目监视器面板中,浏览该特效的视频过渡变化效果,如下图所示。

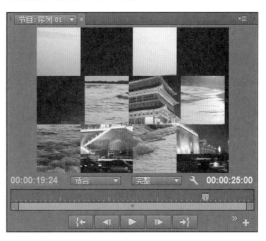

15. 保存编辑项目并预览效果

步骤 01 在添加了视频过渡特效之后，执行"文件>保存"命令，对当前的编辑项目进行保存，如下图所示。

步骤 02 完成上述操作后，即可在"节目监视器"面板预览过渡效果，如下图所示。

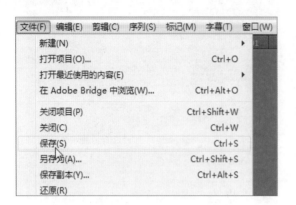

课后实践

1. 制作画面的天地旋转效果，应用于运动视频制作。

操作要点

01 添加摄像机实图效果给两个素材文件；
02 设置特效参数，包括填充颜色等；
03 设置关键帧，制作运动轨迹。

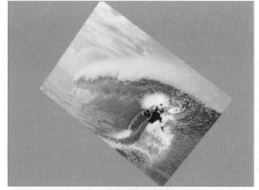

2. 制作动物园集锦，展示多种动物风采。

操作要点

01 添加"动物"文件夹里的所有素材；
02 在素材间添加多种不同视频过渡效果；
03 设置特效参数。

Chapter **06** 视频特效的应用

本章概述

视频效果是Premiere Pro CC在影视节目编辑方面的一大重点和特色，可以应用在图像、视频、字幕等对象上。通过设置参数以及创建关键帧动画等操作，可以制作出丰富的视觉变化效果。本章将介绍如何在影片上应用视频效果。

核心知识点

❶ 视频特效的概述
❷ 关键帧的应用
❸ 视频效果的应用
❹ 插件的使用

6.1 视频特效概述

在使用Premiere编辑影片时，系统自带了许多的视频特效，应用这些特效能对原始素材进行调整。本节将对Premiere系统内置视频特效的分类、如何为素材添加系统内置视频特效及如何控制添加的视频特效等有关视频特效应用方面的知识进行介绍。

6.1.1 内置视频特效

作为一款非常出色的视频编辑软件，Premiere Pro CC为用户提供了大量的内置视频特效。在Premiere中，系统内置的视频特效分为"调整"组、"模糊与锐化"组、"色彩校正"组、"键控"组等16个视频特效组，如右图所示。在此将对使用最为频繁的几个视频特效组进行介绍。

1."图像控制"视频特效组

"图像控制"组特效主要通过各种方法对图像中的特定颜色进行处理，从而制作出特殊的视觉效果。该组中包含了"黑白"、"颜色平衡"等5种视频特效。"图像控制"组特效的如下左图所示。

2."扭曲"视频特效组

"扭曲"组特效是较常使用的视频特效，主要通过对图像进行几何扭曲变形来制作各种各样的画面变形效果。主要包含"位移"、"弯曲"和"旋转"等13种视频特效，"扭曲"组特效如下右图所示。

3. "调整"视频特效组

"调整"组一共包含了9种特效，是使用非常普遍的一类特效。这类特效可以调整素材的颜色、亮度、质感等，实际应用中主要用于修复原始素材的偏色及曝光不足等方面的缺陷，也可以通过调整素材的颜色或者亮度来制作特殊的色彩效果，如下左图所示。

4. "透视"视频特效组

"透视"视频特效组中包含了"基本3D"、"斜角边"、"放射阴影"等5种视频特效，这些视频特效主要用于制作三维立体效果和空间效果。"透视"视频特效组如下右图所示。

5. "通道"视频特效组

"通道"组包含了7种视频特效，这些视频特效主要是通过图像通道的转换与插入等方式改变图像，以制作出各种特殊效果，如下左图所示。

6. "颜色校正"视频特效组

Premiere Pro CC对"颜色校正"组特效进行了优化与调整，"颜色校正"组中包含了"亮度与对比度"、"分色"等18种视频特效，该视频特效组如下右图所示。

6.1.2 外挂视频特效

Premiere还支持很多的第三方外挂视频特效，借助这些外挂视频特效，用户能制作出Premiere Pro CC自身不易制作或者无法实现的某些特效，从而为影片增加更多的艺术效果。应用于Premiere的外挂视频特效，一般都会单独生成一个视频特效组，在该组中将列出安装的视频特效插件，如右图所示。

Final Effects系列包含的插件较多，其中比较著名是用于制作雨雪特效的FECCRain（FEC雨）和FECC Snow（FEC雪）插件，其控制方法较为简单，但制作出的雨雪效果却非常真实，是当前制作雨雪效果的最佳工具之一。

1. FEC Rain（FEC 雨）

FEC Rain（FEC雨）是Final Effects系列插件中使用比较简单但又使用十分频繁的一种视频特效，用于模拟下雨的效果。FEC Rain视频特效参数如右图所示。

- **Rain Amount（雨数量）**：Rain Amount（雨数量）用于控制单位时间内产生雨的数量。默认参数为300，其取值范围为0~1000，该参数值越大，画面中雨的数量就越多。默认参数下雨数量的效果如下左图所示，将该参数值设置为1000时，画面的效果如下右图所示。

- **Rain Speed（雨速度）**：Rain Speed（雨速度）参数用于控制雨的运动速度。其范围为0.5~2，该参数值越大，雨滴下落的速度也就越快。不同参数值下，雨的对比效果如下图所示。

- **Rain Angle（雨角度）**：Rain Angle（雨角度）参数用于控制雨的角度。该默认参数值为10，画面效果如下左图所示，用户可通过调整该参数值，来控制雨的角度。调整该参数值为45后，画面效果如下右图所示。

2. FEC Snow（FEC 雪）

FEC Snow（FEC雪）视频特效是Final Effects 系列插件中用于模拟下雪效果的视频特效插件，其参数如右图所示。

- **Snow Amount（雪数量）**：Snow Amount（雪数量）参数用于控制雪的数量，该参数值越大，画面中雪的数量就越大。默认"Snow Amount（雪数量）"参数为300时，画面效果如下左图所示，增大该参数为1000时，画面效果如下右图所示。

- **Flake Size（雪片大小）**：Flake Size（雪片大小）参数用于控制雪粒子的大小。默认参数为2，取值范围为0~50。该参数值越大，画面中雪粒子也就越大。不同Flake Size（雪片大小）参数下画面对比效果如下图所示。

● **Frequency（频率）**：Frequency（频率）参数用于控制雪在水平方向上左右移动的频率。默认参数值为1，取值范围为0~50。不同Frequency（频率）参数下，下雪对比效果如下图所示。

6.1.3 视频特效参数设置

在了解了Premiere的内置视频特效分类概况之后，下面继续向读者介绍如何为素材应用这些内置的视频特效。为素材应用视频特效前后画面效果对比如下图所示。

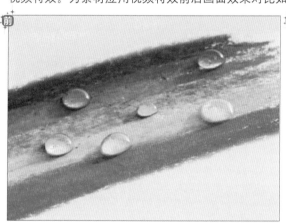 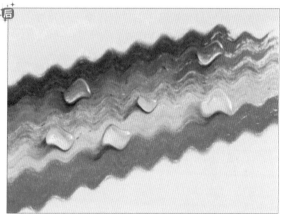

01 将"蜡笔画"素材插入到时间线面板之后，在"效果"面板中依次选择"视频效果>扭曲>波形变形"视频特效，然后单击鼠标左键拖动到时间线面板中的素材上，如下左图所示。

02 打开"效果控件"面板，展开添加的视频特效卷展栏，设置相关参数，如下右图所示。

6.2 应用关键帧制作视频特效

在Premiere Pro CC中，可以通过为素材剪辑的位置、缩放、旋转、不透明度以及音量等基本属性创建关键帧以制作动画效果，得到基本的运动变化效果。本节就为读者详细讲解关键帧制作特效的应用。

- **移动**：素材剪辑中，对象位置的移动是基本的特效应用，可以通过"效果"面板中为"位置"选项，在不同的位置创建关键帧并修改参数来实现。设置完成后可在节目监视器窗口观看运动路径变化。
- **缩放**：通过"效果"面板中为"缩放"选项，在不同的位置创建关键帧并修改参数，可以实现视频大小变化效果。
- **旋转**：通过"效果"面板中为"旋转"选项，在不同的位置创建关键帧并修改参数，可以实现视频运动变化的效果。
- **不透明度**：影视编辑在工作中，可以制作图像在影片中显示或消失、渐隐渐现的效果。
- **闪烁**：显示在隔行扫描显示器（如许多电视屏幕）上时，图像中的细线和锐利边缘有时会闪烁。

提示 "防闪烁滤镜"控件可以减少甚至消除闪烁，随着其强度的增加，将消除更多的闪烁，但是图像也会变淡。对于具有大量锐利边缘和高对比度的图像，可能需要将其参数设置为相对较高。

实例13 制作气球飞走动画

关键帧的运用在影视节目制作中十分重要，本案例将通过介绍制作气球飞走的动画效果，为读者详细讲解关键帧动画的制作要点。

1. 新建项目并导入素材

01 新建项目，在"新建序列"对话框中设置项目序列参数，如下左图所示。

02 将实例文件夹中的"气球.png"和"郊外.jpg"图像文件导入到项目面板中，如下右图所示。

2. 插入素材

01 将导入到项目面板中的"郊外.jpg"图像素材插入到时间线面板中V1轨道开始处,"气球.png"图像素材插入到V2轨道开始处,如下左图所示。

02 打开节目监视器面板,在该面板中浏览图像素材,如下右图所示。

3. 设置"旋转"参数

01 选择"气球.png"文件,打开"效果控件"面板并展开"运动"选项,设置"旋转"参数为40°,如下左图所示。

02 切换至节目监视器面板观看效果,如下右图所示。

4. 添加关键帧

01 在"效果控件"面板中,单击"位置"和"缩放"前的"切换动画"按钮,添加关键帧,如下左图所示。

02 设置"位置"和"缩放"参数,如下右图所示。

03 切换至节目监视器面板，可以观看视频效果，如下左图所示。

04 将时间指示器拖动到00:00:02:00处，添加一个关键帧，设置"位置"和"缩放"参数，如下右图所示。

05 切换至节目监视器面板，可以观看视频效果，如下左图所示。

06 用同样的方法在00:00:04:24处，添加一个关键帧，设置"位置"和"缩放"参数，如下右图所示。

5. 保存编辑项目并预览

01 执行"文件>保存"命令，保存当前编辑项目，如下左图所示。

02 完成上述操作之后，即可在节目监视器面板预览过渡效果，如下右图所示。

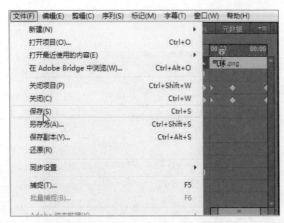

6.3 视频效果的应用

在Premiere Pro CC中内置了许多视频效果，在实际操作中，用户可以根据需要选用合适的视频特效，为视频添加更加丰富的视觉效果。本节向读者详细介绍Premiere Pro CC包含的视频效果及相关应用。

6.3.1 "变换"视频特效组

"变换"组视频效果可以使图像产生二维或是三维的效果。该特效组包括"垂直定格"、"水平定格"和"裁剪"等7种效果。

名　　称	说　　明
垂直定格	用于使整个画面产生向上滚动的效果
垂直翻转	用于将画面沿水平中心翻转180°
摄像机视图	用于模仿摄像机的视角范围，以表现从不同角度拍摄的效果
水平定格	用于使画面产生在垂直方向上倾斜的效果
水平翻转	用于将画面沿垂直中心翻转效果180°
羽化边缘	用于在画面周围产生像素羽化的效果
裁剪	用于对素材进行边缘裁剪

应用"裁剪"视频特效前后画面的对比效果如下图所示。

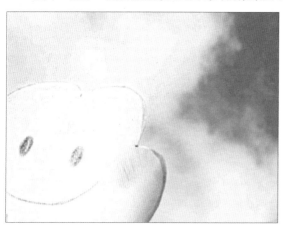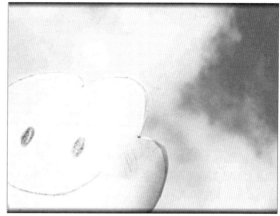

6.3.2 "图像控制"视频特效组

"图像控制"组特效主要通过各种方法对图像中的特定颜色进行处理，从而制作出特殊的视觉效果。

名　　称	说　　明
灰度系数校正	通过调整"灰度系数"参数的数值，可以在不改变图像高亮区域的情况下使图像变亮或变暗
颜色平衡	通过单独改变画面中像素的RGB值来调整图像的颜色
颜色替换	通过该视频特效能将图像中指定的颜色替换为另一种指定颜色，而其他颜色保存不变
颜色过滤	通过该视频特效能过滤掉图像中除指定颜色之外的其他颜色，即图像中只保留指定的颜色，其他颜色以灰度模式显示
黑白	该视频特效能忽略图像的颜色信息，将彩色图像转换为黑白灰度模式的图像

应用"颜色替换"视频特效前后画面的对比效果如下图所示。

实例14 制作怀旧老照片

影视节目制作中，怀旧老照片效果的制作是非常常见的一种效果。本案例将运用"灰度系数校正"和"黑白"视频特效为读者讲解"图像控制"组视频特效的运用。

1. 新建项目并导入素材

01 新建项目，在"新建序列"对话框中设置项目序列参数，如下左图所示。

02 将实例文件夹中的"怀旧.jpg"素材文件导入项目面板，如下右图所示。

中文版Premiere Pro CC艺术设计实训案例教程

2. 插入素材

01 将导入到项目面板的素材插入到时间线面板，如下左图所示。

02 在将素材插入时间线面板之后，打开节目监视器面板，浏览素材效果，如下右图所示。

3. 添加"灰度系数校正"视频特效

01 在"效果"面板中，依次打开"视频效果>图像控制"卷展栏，选择"灰度系数校正"视频特效，如下左图所示。

02 把"灰度系数校正"视频特效添加到"怀旧.jpg"素材上之后，打开"效果控件"面板中浏览视频特效参数，如下右图所示。

4. 设置视频特效参数

01 在"效果控件"面板中设置视频特效的"灰度系数"参数，如下左图所示。

02 完成上述操作后，打开节目监视器面板浏览画面效果，如下右图所示。

5. 添加"黑白"视频特效

01 在"效果"面板中，依次打开"视频效果>图像控制"卷展栏，选择"黑白"视频特效，如下左图所示。

02 把"黑白"视频特效添加到 "怀旧.jpg"素材上之后，打开节目监视器观看视频效果，如下右图所示。

6. 保存编辑项目

执行"文件>保存"命令，对当前编辑项目进行保存。

6.3.3 "扭曲"视频特效组

"扭曲"组特效是较常使用的视频特效，主要通过对图像进行几何扭曲变形来制作各种各样的画面变形效果。

名 称	说 明
位移	用于根据设置的偏移量对图像进行水平或垂直方向位移，移出的图像将在对面方向显示
变换	用于使影片画面在水平或垂直方向上产生弯曲变形的效果
弯曲	用于使图像在水平或者垂直方向上产生弯曲效果
放大	用于模拟放大镜放大图像中的某一部分
旋转	用于使图像沿中心轴旋转的效果
果冻效应复位	用于设置视频素材的场序类型，以得到需要的匹配效果，或降低画面闪烁
波形变形	该视频特效通类似于"弯曲"特效，可以设置波纹的形状、方向及宽度
球面化	用于将图像的局部区域进行变形，从而产生类似于鱼眼的变形效果
紊乱置换	用于以对图像进行多种方式的扭曲变形
边角定位	通过改变图像4个边角的位置，使图像产生扭曲效果
镜像	用于将图层沿着指定的分割线分隔开，从而产生镜像效果反射的中心点和角度可以任意设定，该参数决定了图像中镜像的部分以及反射出现的中心位置
镜头扭曲	用于使图像沿水平和垂直方向产生扭曲，用以模仿透过曲面透镜观察对象的扭曲效果

> **提示** 实现动态旋涡效果在为素材添加了"旋转"视频特效后，在"效果控件"面板中为视频特效参数添加动画关键帧，即可实现动态旋涡效果。

应用"镜头扭曲"视频特效前后画面的对比效果如下图所示。为素材添加"镜头扭曲"视频特效可以模拟出老式电视机变形的画面效果。

中文版Premiere Pro CC艺术设计实训案例教程

6.3.4 "杂色与颗粒"视频特效组

"杂色与颗粒"组视频效果主要用于对图像进行柔和处理，去除图像中的噪点，或在图像上添加杂色效果。该特效组主要包含了"中间值"、"杂色"等6种特效。

名　　称	说　　明
中间值	用于将图像上的每一个像素都用它周围像素的RGB平衡值来代替
杂色	用于在画面上添加模拟的噪点效果
杂色Alpha	用于在图像的Alpha通道上生成杂色
杂色HLS	用于在图像中生成杂色效果后，对杂色噪点的亮度、色调及饱和度进行设置
杂色HLS自动	用于设置"杂色动画速度"，从而得到不同的杂色噪点以不同速度运动的动画效果
蒙尘与划痕	用于在图像中生成类似灰尘的杂色噪点效果

应用"杂色HLS"视频特效前后画面的对比效果如下图所示。

6.3.5 "模糊与锐化"视频特效组

"模糊与锐化"组视频效果主要用于调整画面的模糊和锐化效果。该特效组包含了"复合模糊"、"快速模糊"和"高斯模糊"等10个效果。

名　　称	说　　明
复合模糊	用于使素材图像产生柔和模糊的效果
快速模糊	用于直接生成简单的图像模糊效果
方向模糊	用于使图像产生指定方向的模糊，类似运动模糊效果

名　　称	说　　明
消除锯齿	用于使图像中的成片色彩像素的边缘变得更加柔和
相机模糊	用于使图像产生类似相机拍摄时没有对准焦距的"虚焦"效果
通道模糊	用于对素材图像的红、绿、蓝或是Alpha通道单独进行模糊
重影	用于将动态素材中前几帧的图像以半透明的形式覆盖在当前帧上
锐化	用于增强相邻像素间的对比度，使图像变得更清晰
非锐化遮罩	用于调整图像的色彩锐化程度
高斯模糊	用于大幅度地模糊图像，使图像产生不同程度虚化效果

应用"重影"视频特效前后画面的对比效果如下图所示。

6.3.6　"生成"视频特效组

"生成"组视频效果主要是对光和填充色的处理应用，可以使画面看起来具有光感和动感。该特效组主要包含了"书写"、"吸管填充"和""　"图形"等12种特效。

名　　称	说　　明
书写	用于在图像上创建划臂运动的关键帧动画并记录运动路径，模拟出书写绘画效果
单元格图案	用于在图像上模拟生成不规则的单元格效果
吸管填充	可以提取采样坐标点的颜色来填充整个画面，通过设置原始图像的混合度，可以得到整体画面的偏色效果
四色渐变	用于设置4种互相渐变的颜色来填充图像
圆形	用于在图像上创建一个自定义的圆形或圆环
棋盘	用于在图像上创建一种棋盘格的图案效果
椭圆	用于在图像上创建一个椭圆形的光圈图案效果
油漆桶	用于将图像上指定区域的颜色替换成另外一种颜色
渐变	用于在图像上叠加一个双色渐变填充的蒙版
网格	用于在图像上创建自定义的网格效果
镜头光晕	用于在图像上模拟出相机镜头拍摄的强光折射效果
闪电	用于在图像上产生类似闪电或电火花的光电效果

应用"闪电"视频特效前后画面的对比效果如下图所示。

实例15 制作镜头光晕动画

影视节目制作中，光晕效果的运用十分普遍。本案例将运用"镜头光晕"视频特效制作动画，为读者讲解"生成"视频特效组视频特效的运用。

1. 新建项目并导入素材

01 新建项目，在"新建序列"对话框中设置项目序列参数，如下左图所示。

02 将实例文件夹中的"大厦.jpg"素材文件导入到项目面板，如下右图所示。

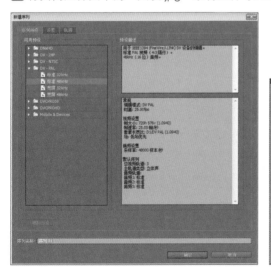

2. 插入素材

01 将导入到项目面板的素材插入到时间线面板，如下左图所示。

02 在将素材插入时间线面板之后，打开节目监视器面板，浏览素材效果，如下右图所示。

3. 添加"镜头光晕"视频特效

01 在"效果"面板中，依次打开"视频效果>生成"卷展栏，选择"镜头光晕"视频特效，如下左图所示。

02 把"镜头光晕"视频特效添加到"大厦.jpg"素材上之后，打开"效果控件"面板中浏览视频特效参数，如下右图所示。

4. 设置视频特效参数

01 打开节目监视器面板，可以看到添加"镜头光晕"特效后的素材效果，如下左图所示。

02 切换到"效果控件"面板中设置视频特效的相关参数，如下右图所示。

5. 设置"镜头光晕"特效关键帧

01 在"效果"面板中，选择"镜头光晕"视频特效，单击"光晕中心"和"光晕亮度"前的"切换动画"按钮，如下左图所示。

02 设置"光晕中心"和"光晕亮度"参数，如下右图所示。

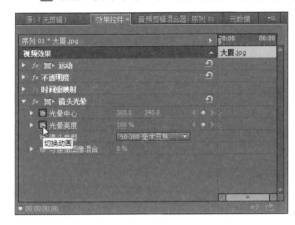

03 设置完成后切换到节目监视器面板观看效果，如下左图所示。

04 把时间指示器拖到00:00:02:00处，给"光晕中心"和"光晕亮度"添加关键帧，设置参数如下右图所示。

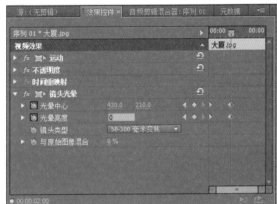

05 设置完成后切换到节目监视器面板观看效果，如下左图所示。

06 用同样的方法在00:00:04:00处，给"光晕中心"和"光晕亮度"添加关键帧，设置参数如下右图所示。

6. 保存编辑项目并预览效果

01 执行"文件>保存"命令，对当前编辑项目进行保存，如下左图所示。

02 完成上述操作之后，在节目监视器面板即可观看动画效果，如下右图所示。

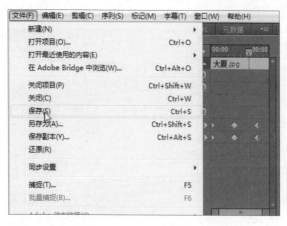 

6.3.7 "视频"视频特效组

"视频"组视频特效只包含"剪辑名称"和"时间码"两个效果，用于合成序列中显示素材剪辑的名称、时间码信息。

名 称	说 明
剪辑名称	在素材剪辑上添加"剪辑名称"视频特效后，在节目监视器面板中播放时，将在画面中显示该素材剪辑的名称
时间码	在素材剪辑上添加"时间码"视频特效后，在节目监视器面板中播放时，将在画面中显示该素材剪辑的时间码

应用"时间码"视频特效前后画面的对比效果如下图所示。

6.3.8 "调整"视频特效组

这类特效可以调整素材的颜色、亮度、质感等，实际应用中主要用于修复原始素材的偏色及曝光不足等方面的缺陷，也可以通过调整素材的颜色或者亮度来制作特殊的色彩效果。

名　称	说　明
ProcAmp	用于整体调节画面的亮度、对比度、色相，是视频编辑过程中较常使用的一种视频特效
光照效果	用于在图像上添加灯光照射的效果，通过对灯光的类型、数量、光照强度等进行设置，模拟逼真的灯光效果
卷积内核	通过改变每一个像素的颜色和亮度值来改变图像的质感
提取	用于提取画面的颜色信息，通过控制像素的灰度值来将图像转换为灰度模式显示
自动对比度	用于自动调节画面的对比度。若素材的曝光度不足，可使用该工具快速修复素材的缺陷
自动颜色	用于自动调节素材各个通道的输入颜色级别范围，并重新映像到一个新的输出颜色级别范围，从而改变素材的图像质感，通过受到调节特效控制参数可实现特殊的效果
自动色阶	用于调整画面的颜色，实际应用中主要用于修复素材的偏色问题，也可以通过手动调节参数，制作特殊的画面效果
色阶	用于将图像的各个通道的输入颜色级别范围重新映像到一个新的输出颜色级别范围，从而改变画面的质感
阴影/高光	用于调整画面中的高光区域，以及阴影区域的效果

应用"自动色阶"视频特效前后对比效果如下图所示。

6.3.9 "透视"视频特效组

"透视"视频特效组中包含了"基本3D"、"斜角边"、"放射阴影"等5种视频特效，这些视频特效主要用于制作三维立体效果和空间效果。

名　称	说　明
基本3D	用于可以模拟平面图像在三维空间的运动效果
投影	用于为素材添加阴影效果
放射阴影	用于在指定位置产生的光源照射到图像上，在下层图像上投射出阴影的效果
斜角边	用于让图像的边界处产生一个类似于雕刻状的三维外观。该特效的边界为矩形形状，不带有矩形Alpha通道的图像不能产生符合要求的视觉效果
斜角Alpha	用户使图像中的Alpha通道产生斜面效果。如果图像中没有保护Alpha通道，则直接在图像的边缘产生斜面效果

提示 "基本3D"特效通过将图层围绕水平或者垂直轴向上旋转，且图像伴有灯光照射效果，使图像产生光照效果。

应用"基本3D"视频特效前后画面的对比效果如下图所示。

6.3.10 "通道"视频特效组

"通道"组包含了7种视频特效，这些视频特效主要是通过图像通道的转换与插入等方式改变图像，以制作出各种特殊效果。

名　　称	说　　明
反转	用于将预设的颜色做反色显示，使处理后的图像效果类似照片的底片，即通常所说的负片效果
复合运算	用数学运算的方式合成当前层和指定层的图像
混合	通过为素材图层指定一个用于混合的参考图层，在利用不同的混合模式来变换图像的颜色通道，以制作出特殊的颜色效果
算术	用于对图像的色彩通道进行简单的数学运算，从而制作出特殊的颜色效果
纯色合成	用一种颜色作为当前图层的覆盖图层，通过改变叠加模式来实现特效效果
计算	利用不同的计算方式改变图像的RGB通道，从而制作出特殊的颜色效果
设置遮罩	用于以当前层中的Alpha通道取代指定层中Alpha通道，使之产生运动屏蔽的效果

应用"混合"视频特效前后画面对比效果如下图所示。

提示 使用"混合"视频特效时，需要设置与源素材混合的图层，例如源素材位于"视频1"轨道上，则需要将除了"视频1"轨道的其他轨道定义为"混合"视频特效的混合通道。

6.3.11 "键控"视频特效组

"键控"视频效果组主要用在两个重叠的素材图像时产生各种叠加效果，以及清除图像中指定部分的内容形成抠像效果。

名　称	说　明
16点无用信号遮罩	在图像的每个边上安排4个控制点得到16个控制点，通过对每个点的位置修改编辑遮罩形状来改变图像的显示形状
4点无用信号遮罩	在图像的4个角上安排控制点，通过对每个点的位置修改编辑遮罩形状来改变图像的显示形状
8点无用信号遮罩	在图像的边缘上安排8个控制点，通过对每个点的位置修改编辑遮罩形状来改变图像的显示形状
Alpha调整	用于将上层图像中的Alpha通道来设置遮罩叠加效果
RGB差值键	用于将图像中指定的颜色清除，显示下层图像
亮度键	用于将生成图像中的灰度像素设置为透明，并且保持色度不变
图像遮罩键	用于选择外部素材作为遮罩，控制两个图层中图像的叠加效果
差值遮罩键	用于叠加两个图像中相互不同部分的纹理，保留对方的纹理颜色
极致键	用于将图像中的指定颜色范围生成遮罩，并通过参数设置对遮罩效果进行精细调整，得到需要的抠像效果
移除遮罩	用于清除图像遮罩边缘的白色或黑色残留，是对遮罩处理效果的辅助处理
色度键	用于将图像上的某种颜色极其相似范围的颜色处理为透明，显示出下层的图像，适用于有纯色背景的画面抠像
蓝屏键	用于清除图像中的蓝色像素，在影视编辑工作中常用于进行蓝屏抠像
非红色键	用于去除红色以外的其他颜色，即蓝色和绿色
颜色键	用于将图像中指定颜色的像素清除，是更常用的抠像特效

应用"8点无用信号遮罩"视频特效前后画面的对比效果如下图所示。

实例16 使用"蓝屏键"抠像

　　目前许多拍摄后用于后期合成的视频素材，都是在蓝色背景或者绿色背景下拍摄的。下面将通过具体实例，向读者介绍蓝屏抠像视频特效的使用方法。

前  后

1. 新建项目并导入素材

01 新建项目，在"新建序列"对话框中设置项目序列参数，如下左图所示。

02 将"第六章"文件夹中的"人物.jpg"、"沙滩.jpg"素材文件导入到项目面板，如下右图所示。

2. 插入素材

01 将导入到项目面板的素材插入到时间线面板，如下左图所示。

02 在将素材插入时间线面板之后，打开节目监视器面板，浏览素材效果，如下右图所示。

3. 添加蓝屏抠像视频特效

01 在"效果"面板中，依次打开"视频效果>键控"卷展栏，选择"蓝屏键"视频特效，如下左图所示。

02 把"蓝屏键"视频特效添加到V2轨道上的"人物.jpg"素材上，然后打开"效果控件"面板中浏览视频特效参数，如下右图所示。

4. 设置"阈值"参数

01 打开节目监视器面板浏览添加了"蓝屏键"视频特效后的画面效果，如下左图所示。

02 打开"效果控件"面板，在该面板中设置视频特效的"阈值"参数，如下右图所示。

5. 设置"屏蔽度"和"平滑"参数

01 在"效果控件"面板中，设置视频特效的"屏蔽度"参数与"平滑"参数，如下左图所示。

02 打开节目监视器面板，浏览设置参数后画面的效果，如下右图所示。

6. 调整图像大小和位置

01 在"效果控件"面板中，打开"运动"选项，设置视频特效的"位置"参数与"缩放"参数，如下左图所示。

02 打开节目监视器面板，浏览设置参数后画面的效果，如下右图所示。

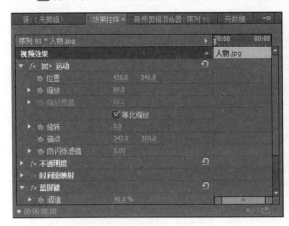 

7. 保存编辑项目

执行"文件＞保存"命令，对当前编辑项目进行保存。

6.3.12 "颜色校正"视频特效组

Premiere Pro CC对"颜色校正"组特效进行了优化与调整，"颜色校正"组中包含了"亮度与对比度"、"分色"等18种视频特效。

名　　称	说　　明
Lumetri	为素材添加Lumetri视频特效后，在效果控件面板单击"设置"按钮，可以在弹出的对话框中选择Lumetri Looks 颜色分级引擎链接文件，应用其中的色彩校正预设项目，对图像进行色彩校正
RGB曲线	通过对曲线调整红色、绿色和蓝色通道中的数值，达到改变图像色彩的目的
RGB颜色校正器	通过修改RGB三个色彩通道的参数，达到改变图像色彩的目的
三向颜色校正器	通过旋转阴影、中间调和高光3个控制色盘来调整颜色的平衡，并可以调节图像的色彩饱和度、色阶亮度
亮度与对比度	通过控制"亮度"和"对比度"两个参数调整画面的亮度和对比度效果。在设置该视频特效的参数时，要注意控制其参数，过高的参数容易使画面局部或者整体曝光过度
亮度曲线	通过调整亮度曲线图实现对图像亮度的调整
亮度校正器	用于对图像的亮度进行校正调整，可以增加或降低图像中的亮度
分色	通过保留设置的一种颜色，对其他颜色进行去色处理，以制作出画面中只有一种颜色的效果
均衡	用于对图像中像素的颜色值或亮度等进行平均化处理
广播级颜色	用于矫正广播级的颜色和亮度，使影视作品在电视机中进行精确的播放
快速颜色校正器	用于快速地修正图像的颜色
更改为颜色	用于更改图像中指定的色相、饱和度和亮度等
更改颜色	通过调整指定颜色的色相，以制作出特殊的视觉效果

名　　称	说　　明
色调	用于将图像中的黑色调和白色调映射转化为其他颜色
视频限幅器	利用视频限幅器对图像的颜色进行调整
通道混合器	通过调整RGB各个通道中的RGB颜色参数控制画面的整体色彩效果
颜色平衡	用于调整画面的色彩效果
颜色平衡（HLS）	用于分别对图像中的色相、亮度、饱和度进行增加或降低的调整，实现图像颜色的平衡校正

应用"广播级颜色"视频特效画面前后对比效果如下图所示。

6.3.13　"风格化"视频特效组

"风格化"组视频效果主要用于对图像进行艺术风格的美化处理，该特效组包含了13个效果。

名　　称	说　　明
Alpha发光	用于对含有Alpha通道的边缘向外生成单色或双色过渡的发光效果
复制	用于设置对图像画面的复制数量，复制得到的每个区域都将显示完整的画面效果
彩色浮雕	用于将图像画面处理成类似于轻浮雕的效果
抽帧	用于改变图像画面的色彩层次数量
曝光过度	用于将画面处理成类似于相机底片曝光的效果
查找边缘	用于对图像中颜色相同的成片像素以线条进行边缘勾勒
浮雕	用于在画面上产生浮雕效果，同时去掉原有的颜色
画笔描边	用于模拟画笔绘制的粗糙外观，得到类似油画的艺术效果
粗糙边缘	用于将图像的边缘粗糙化，模拟边缘腐蚀的纹理效果
纹理化	用于指定图层中的图像作为当前图像的浮雕纹理
闪光灯	用于在素材剪辑的持续时间范围内，将指定间隔时间的帧画面上覆盖指定的颜色，从而使画面在播放过程中产生闪烁的效果
阈值	用于将图像变成黑白模式，通过设置"级别"参数，可以调整图像的转换程度
马赛克	用于在画面上产生马赛克效果，将画面分成若干个方格

右侧竖排导航：
01
02
03
04
05
06
视频特效的应用
07
08
09
10
11

应用"查找边缘"视频特效前后画面的对比效果如下图所示。

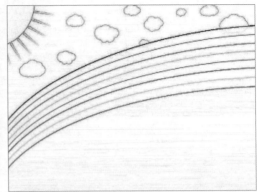

实例17 制作动态电视墙

在实际生活中，我们能看到很多动态电视墙的效果。下面将通过制作动态电视墙的实例，向读者介绍"复制"视频特效的使用方法。

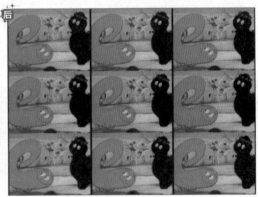

1. 新建项目并导入素材

01 新建项目，在"新建序列"对话框中设置项目序列参数，如下左图所示。

02 将实例文件夹中的"02.mov"素材文件导入到项目面板中，如下右图所示。

2. 插入素材

01 将导入到项目面板的素材插入到时间线面板中，如下左图所示。

02 在将素材插入时间线面板之后，打开节目监视器面板，浏览素材效果，如下右图所示。

3. 添加"复制"视频特效

01 在"效果"面板中，依次打开"视频效果>风格化"卷展栏，选择"复制"视频特效，如下左图所示。

02 把"复制"视频特效添加到"02.mov"素材上，然后打开节目监视器面板浏览添加了"复制"视频特效后的画面效果，如下右图所示。

4. 添加视频特效关键帧

01 在"效果控件"面板中，选择"复制"视频特效，单击"计数"前的"切换动画"按钮，如下左图所示。

02 把时间指示器拖到00:00:04:00处，给"计数"添加关键帧，设置参数如下右图所示。

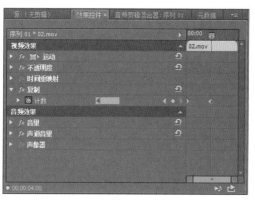

03 设置完成后切换到节目监视器面板观看效果，如下左图所示。

04 用同样的方法在00:00:08:00处，给"计数"添加关键帧，设置参数如下右图所示。

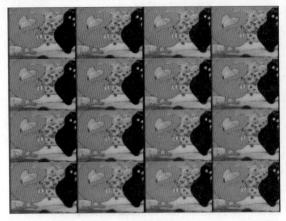
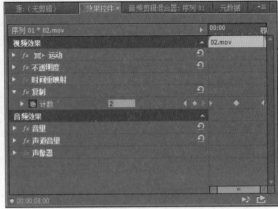

5. 保存编辑项目并预览效果

01 执行"文件>保存"命令，对当前编辑项目进行保存，如下左图所示。

02 最后，在节目监视器面板即可观看动画效果，如下右图所示。

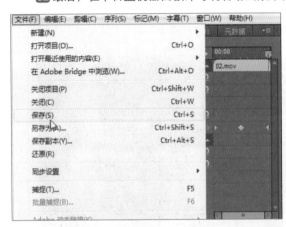
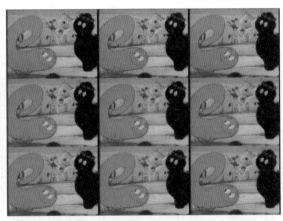

 知识延伸："过渡"视频特效组

　　"过渡"组视频特效的图像效果与应用视频过渡的效果相似，包括"块溶解"、"渐变擦除"等5种特效。

名　　称	说　　明
块溶解	用于在图像上产生随机的方块对图像进行溶解
径向擦除	用于围绕指定点以旋转的方式将图像擦除
渐变擦除	用于根据两个图层的亮度值建立一个渐变层，在指定层和原图层之间进行渐变切换
百叶窗	通过对图像进行百叶窗式的分割，形成图层间的过渡切换
线性擦除	通过线条划过的方式，在图像上形成擦除效果

应用"径向擦除"视频特效前后画面的对比效果如下图所示。

 上机实训：利用插件制作画面的扫光效果

本案例将应用CC Light Sweep（扫光）视频特效制作画面扫光效果。通过对本案例的学习，读者可以掌握为画面制作扫光效果的方法。

1. 新建项目并导入素材

步骤 01 新建项目，在"新建序列"对话框中设置项目序列参数，如下图所示。

步骤 02 将"第六章"文件夹中的"26.jpg"素材文件导入到项目面板，如下图所示。

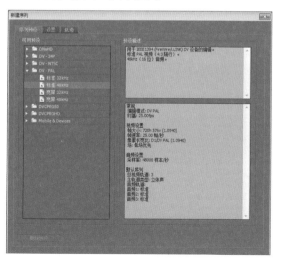
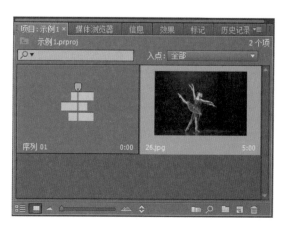

2. 插入素材

步骤01 将导入到项目面板的素材插入到时间线面板，如下图所示。

步骤02 将素材插入时间线面板后，打开节目监视器面板，浏览素材效果，如下图所示。

3. 添加CC Light Sweep（扫光）视频特效

步骤01 在"效果"面板中，依次打开视频效果>Generate卷展栏，选择CC Light Sweep（扫光）视频特效，如下图所示。

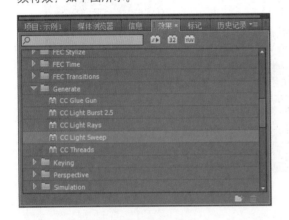

步骤02 把CC Light Sweep（扫光）视频特效添加到"26.jpg"素材上，然后打开"效果控件"面板中浏览视频特效参数，如下图所示。

4. 设置视频特效参数

步骤01 打开节目监视器面板浏览添加了CC Light Sweep（扫光）视频特效后的画面效果，如下图所示。

步骤02 打开"效果控件"面板，并设置视频特效的With（宽度）参数，如下图所示。

5. 设置视频特效关键帧

步骤 01 在"效果控件"面板中，将时间指示器拖到素材开始位置，为Center（中心）参数添加一个关键帧，并设置参数如下图所示。

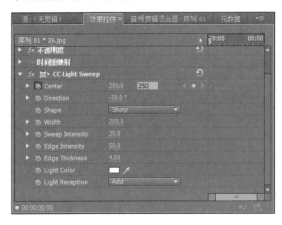

步骤 02 打开节目监视器面板，浏览设置参数后画面的效果，如下图所示。

步骤 03 用同样的方法将时间指示器拖到00:00:02:00处，为Center（中心）参数添加一个关键帧，并设置参数如下图所示。

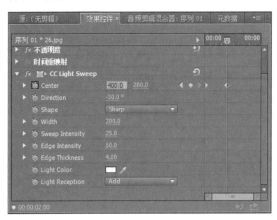

步骤 04 打开节目监视器面板，浏览设置参数后画面的效果，如下图所示。

步骤 05 用同样的方法在00:00:04:00处为Center（中心）参数添加一个关键帧，并设置参数如下图所示。

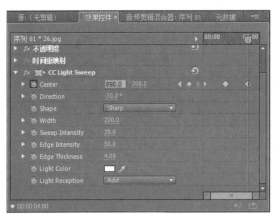

步骤 06 打开节目监视器面板，浏览设置参数后画面的效果，如下图所示。执行"文件>保存"命令，对当前编辑项目进行保存。

课后实践

1. 利用"放大"视频特效制作放大镜效果。

【操作要点】

01 调整素材位置和大小，使之正常显示；

02 添加"放大"特效在需要放大的图像上；

03 设置视频特效参数，使之和"放大镜.PNG"素材符合。

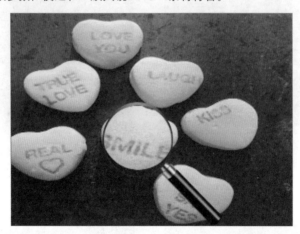

2. 利用"马赛克"视频特效给视频中的字幕制作马赛克遮挡效果。

【操作要点】

01 剪辑与序列设置不匹配时，更改序列以匹配剪辑的设置；

02 在两个视频轨道上添加上同一视频，对V1轨道上素材添加"裁剪"特效，设置裁剪参数，使之保留字幕区域；

03 对V2轨道上素材添加"马赛克"特效，设置特效参数，使之遮挡字幕。

本章概述

在制作影视节目时，声音是必不可少的元素，无论是同期的配音、后期的效果，还是背景音乐都是不可或缺的。本章将着重介绍使用Premiere Pro CC为影视作品添加声音效果、进行音频剪辑等操作。通过对本章内容的学习，读者能够熟悉音频剪辑的理论知识，并能够熟练地进行应用。

核心知识点

❶ 音频的分类
❷ 调整音频播放速度
❸ 调节音频增益
❹ 音频特效

7.1 音频的分类

在Premiere Pro CC中可以新建单声道、立体声及5.1声道3种类型的音频轨道，每一种轨道只能添加相应类型的音频素材。

7.1.1 单声道

单声道的音频素材只包含一个音轨，其录制技术是最早问世的音频制式，若使用双声道的扬声器播放单声道音频，两个声道的声音完全相同。单声道音频素材在源监视器面板中的显示效果如下左图所示。

7.1.2 立体声

立体声是在单声道基础上发展起来的，该录音技术至今依然被广泛使用。在用立体声录音技术录制音频时，用左右两个单声道系统，将两个声道的音频信息分别记录，可准确再现声源点的位置及其运动效果，其主要作用是能为声音定位。立体声音频素材在源监视器面板中的显示效果如下右图所示。

7.1.3 5.1声道

5.1声道录音技术是美国杜比实验室在1994年发明的，因此该技术最早名称即为杜比数码Dolby Digital（俗称AC-3）环绕声，主要应于电影的音效系统，是DVD影片的标准音频格式。该系统采用高压缩的数码音频压缩系统，能在有限的范围内将5+0.1声道的音频数据全部记录在合理的频率带宽之内。5.1声道包括左、右主声道，中置声道，右后、左后环绕声道以及一个独立的超重低音声道。由于超重低音声道仅提供100Hz以下的超低音信号，该声道只被看作是0.1个声道，因此杜比数码环绕声又简称5.1声道环绕声系统。

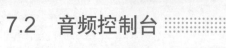

7.2 音频控制台

作为专业的影视编辑软件，Premiere Pro CC对音频的控制能力是非常出色的，除了可在多个面板中使用多种方法编辑音频素材外，还为用户提供了专业的音频控制面板——"音轨混合器"。

7.2.1 音频轨道混合器

"音轨混合器"面板可以实时混合序列面板中各轨道的音频对象，如下图所示。音轨混合器由若干个轨道音频控制器、主音频控制器和播放控制器组成，每个控制器由控制按钮、调节滑块调节音频。通过该面板用户可更直观地对多个轨道的音频进行添加特效、录制等操作。

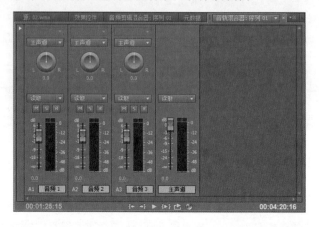

下面将介绍"音轨混合器"面板中的工具选项、控制方法及工具栏的具体应用。

1. 轨道名称

在该区域中，显示了当前编辑项目中所有音频轨道的名称。用户可以通过"音轨混合器"面板随意对轨道名称进行编辑。

2. 自动模式

在每个音频轨道名称上面，都有一个"自动模式"按钮，单击该按钮，即可打开当前轨道的多种自动模式，如下左图所示。"自动模式"可读取音频调节效果或实时记录音频调节，其中包括"关"、"读取"、"闭锁"、"触动"和"写入"，如下右图所示。

3. 声道调节滑轮

在"自动模式"按钮上方，就是声道调节滑轮，该控件用于控制单声道中左右音量的大小。在使用声道调节滑轮调整声道左右音量大小时，可以通过左右旋转控件及设置参数值等方式进行音量的调整。

4. 音量调节滑块

该控件用于控制单声道中总体音量的大小。每个轨道下都有一个音量控件，包括主音轨，如下左图所示。

除了上面介绍的几个大的控件以外，"音轨混合器"面板中还有几个体积较小的控件，如"静音轨道"按钮、"独奏轨道"按钮和"启用轨道以进行录制"按钮等。

- **"静音轨道"按钮**：用于控制当前轨道是否静音。在播放素材的过程中，单击"静音轨道"按钮，即可将当前音频静音，方便用户比较编辑效果，如下右图所示。

- **"独奏轨道"按钮**：用于控制其他轨道是否静音。选中"独奏轨道"按钮，其他未选中独奏按钮的轨道音频会自动设置为静音状态。
- **"启用轨道以进行录制"按钮**：可以利用输入设备将声音录制到目标轨道上。

7.2.2 音频关键帧

在时间线面板中，与创建关键帧有关的工具主要有"显示关键帧"按钮和"添加-移除关键帧"按钮。

- **"显示关键帧"按钮**：该按钮主要用于控制轨道中显示的关键帧类型。单击该按钮，即可打开关键帧类型，如下左图所示。
- **"添加-移除关键帧"按钮**：该按钮主要用于在轨道中添加或者移除关键帧，如下右图所示。

7.2.3 音频剪辑混合器

当时间轴面板是目前所关注的面板时，可以通过"音频剪辑混合器"面板监视并调整序列中剪辑的音量和声像，如右图所示。同样，当源监视器面板是目前关注的面板时，那么可以通过"音频剪辑混合器"面板监视源监视器面板中的剪辑。

> **提示** 添加与移除关键帧在素材的某一位置，单击"添加-移除关键帧"按钮，即可添加一个关键帧；若再次在该时刻单击"添加-移除关键帧"按钮，可移除当前时刻的关键帧。

7.3 编辑音频

在Premiere Pro CC中，用户可以使用多种方法来对音频素材进行编辑，在这里我们将从调整音频速度、调整音频增益、音频过渡效果、转换音频类型四个方面，向读者介绍音频素材的编辑方法。

7.3.1 调整音频持续时间和播放速度

在Premiere Pro CC中，用户同样可以像调整视频素材的播放速度一样，改变音频的播放速度，且可在多个面板中使用多种方法进行操作，在此将介绍通过执行"速度/持续时间"命令来调整播放速度。执行"速度/持续时间"命令可以从以下几个途径进行。

1. 在项目面板进行调整

在项目面板中执行"速度/持续时间"命令，首先在该面板中选择需要设置的素材，如下左图所示。然后单击鼠标右键，在弹出的快捷菜单中执行"速度/持续时间"命令即可，如下右图所示。

2. 在源监视器面板进行调整

在源监视器面板中，要执行"速度/持续时间"命令，首先将要调整的音频素材在源监视器面板中打开，如下左图所示。然后在源监视器面板的预览区中单击鼠标右键，在弹出的快捷菜单中执行"速度/持续时间"命令即可，如下右图所示。

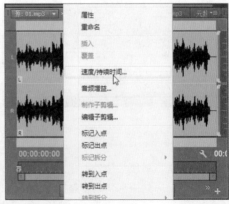

3. 在时间线面板进行调整

时间线面板是Premiere中最主要的编辑面板，在该面板中可以按照时间顺序排列和连接各种素材、可以剪辑片段和叠加图层、设置动画关键帧和合成效果等。

在时间线面板中，执行"速度/持续时间"命令比较简单，首先需要将素材插入到时间线面板并选择素材，如下左图所示。然后单击鼠标右键，在弹出的快捷菜单中执行"速度/持续时间"命令即可，如下右图所示。

中文版Premiere Pro CC艺术设计实训案例教程

4. 使用菜单栏进行调整

在"剪辑"菜单中，命令主要用于对素材文件进行常规的编辑操作，当然也包括"速度/持续时间"命令。

在执行"速度/持续时间"命令之前，首先需要选择素材，如在项目、源监视器、时间线等面板中选择素材，然后再执行"剪辑>速度/持续时间"命令，如下左图所示。

通过以上方法执行"速度/持续时间"命令之后，在弹出的"剪辑速度/持续时间"对话框中设置素材的播放速度，如下右图所示。

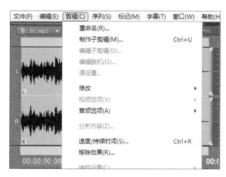

实例18 调整音频播放速度

正常播放速度播放的音频素材，听起来声音是正常的，但是若降低或者增加音频素材的播放速度，则能使音频素材的声音效果发生变化。下面将通过增加播放速度来实现重音的效果。

1. 新建项目并设置音频轨道参数

01 新建项目，在"新建序列"对话框中设置项目序列参数，如下左图所示。

02 在"新建序列"对话框中单击打开"轨道"选项卡，在该选项卡中设置轨道参数，如下右图所示。

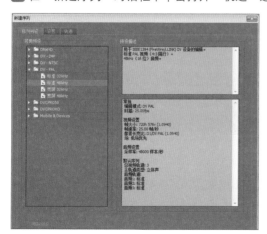
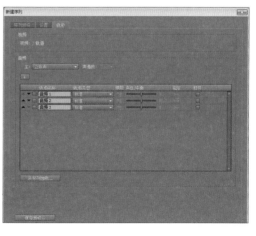

2. 导入素材并在源监视器面板中打开素材

01 将素材文件夹中的"01.mp3"音频素材导入到项目面板中，如下左图所示。

02 在项目面板中选择并双击"01.mp3"素材，将其在源监视器面板中打开，如下右图所示。

3. 插入素材并执行"速度/持续时间"命令

01 将源监视器面板中的"01.mp3"素材插入到时间线面板中，如下左图所示。

02 选择插入的"01.mp3"素材，单击鼠标右键，在快捷菜单中执行"速度/持续时间"命令，如下右图所示。

4. 设置"速度"参数

01 在执行了"速度/持续时间"命令之后，即可打开"剪辑速度/持续时间"对话框，该对话框如下左图所示。

02 在"剪辑速度/持续时间"对话框中，设置"01.mp3"素材的"速度"参数，如下右图所示。

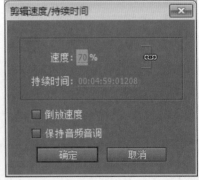

5. 设置导出参数

01 执行"文件>导出>媒体"命令，在打开的"导出设置"对话框中设置导出参数，如下左图所示。

02 在"导出设置"对话框中，切换至"音频"选项卡，在该选项卡中设置音频的导出参数，如下右图所示。

中文版Premiere Pro CC艺术设计实训案例教程

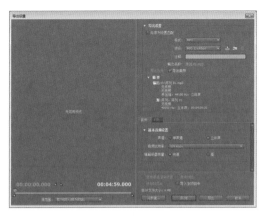

6. 保存编辑项目

01 完成上述操作后，单击"确定"按钮，将当前编辑项目导出，如下左图所示。

02 执行"文件＞保存"命令，对当前的编辑项目进行保存，如下右图所示。

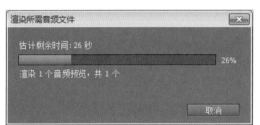

7.3.2 调整音频增益

音频增益是指音频信号电平的强弱，其直接影响音量的大小。若在时间线面板中有多条音频轨道且在多条轨道上都有音频素材文件，此时就需要平衡这几个音频轨道的增益。

下面将通过对浏览音频增益效果面板与调整音频增益强弱命令的介绍，向读者讲解调整素材音频增益效果的方法。

1. 浏览音频增益面板

在Premiere Pro CC中，用于浏览音频素材增益强弱的面板是"主音频计量器"面板，该面板只能用于浏览，而无法对素材进行编辑调整，如下左图所示。

将音频素材插入到时间线面板中，在节目监视器面板中播放音频素材时，在"主音频计量器"面板中，将以两个柱状来表示当前音频的增益强弱，如下中图所示。若音频音量有超出安全范围的情况，柱状将显示出红色，如下右图所示。

> **提示** 若需要突显某个轨道中的音频声音，可以增大该轨道
> 中音频素材的增益，反之亦然。若同一轨道中有多个音频片
> 段，就需要为其添加音频增益来平衡各个音频素材的音量，
> 避免声音时大时小。
> 在主声道面板中播放素材的方法，即打开"主音频计量器"
> 面板后，按下快捷键空格键，即可在该面板中播放素材。

2.调节音频增益强弱的命令

调节音频增益强弱的命令主要指的是"音频增益"命令，在执行"剪辑>音频选项>音频增益"命令后，将打开下右图的"音频增益"对话框，从中进行相应的设置，即可完成指定的操作。

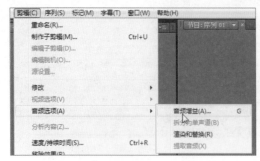
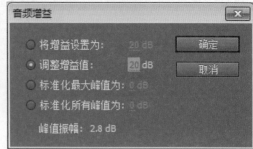

7.3.3 音频过渡效果

音频过渡效果与视频过渡效果相似，可用于添加在音频剪辑的头尾或相邻音频剪辑处，使音频产生淡入淡出效果。

在"效果"面板的"音频过渡"文件夹中，"交叉淡化"文件夹提供了"恒定功率"、"恒定增益"和"指数淡化"3种音频过渡效果。除特殊制作要求外，在一段音频的开始和结束位置均需使用淡入淡出效果，以防止声音的突然出现和突然结束。未使用淡入淡出效果的音频素材的显示效果如下左图所示，使用了淡入淡出效果的音频素材的显示效果如下右图所示。

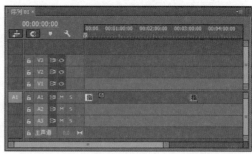

实例19 制作音乐淡入淡出效果

在播放音乐时，通常音乐的开始与结尾都会制作淡入淡出的效果。本例将具体介绍音乐的淡入淡出效果的实现方法。

1.新建项目并设置音频轨道参数

01 新建项目，在"新建序列"对话框中设置项目序列参数，如下左图所示。

02 在"新建序列"对话框中打开"轨道"选项卡，在该选项卡中设置轨道参数，如下右图所示。

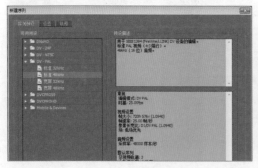
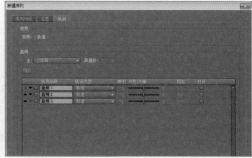

2. 导入素材并在源监视器面板中打开素材

01 将素材文件夹中的"04.mp3"音频素材导入到项目面板，如下左图所示。

02 在项目面板选择并双击"04.mp3"素材，将其在源监视器面板打开，如下右图所示。

3. 插入素材并设置轨道关键帧显示类型

01 将项目面板中的"04.mp3"音频素材插入到时间线面板，如下左图所示。

02 在时间线面板的左侧，单击"显示关键帧"按钮，如下右图所示。

 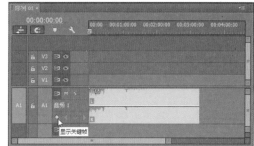

4. 添加素材开始位置的关键帧

01 在时间线面板中，将时间滑块拖动至素材的开始位置，单击"添加-移除关键帧"按钮，为素材添加一个关键帧，如下左图所示。

02 在时间线面板中将时间滑块拖动至下右图的位置，再次单击"添加-移除关键帧"按钮，添加一个关键帧，如下右图所示。

5. 设置第一个关键帧位置并添加关键帧

01 在"04.mp3"音频素材所在的A1轨道的最左端，选择创建的第一个关键帧并单击鼠标左键，向下拖动鼠标，将第一个关键帧调整到最低位置，如下左图所示。

02 在时间线面板中，将时间滑块拖动至下右图位置，单击"添加-移除关键帧"按钮，为素材添加一个关键帧，如下右图所示。

6. 添加关键帧并调整关键帧

01 在时间线面板中将时间滑块拖动至素材结束位置，单击"添加-移除关键帧"按钮为素材添加一个关键帧，如下左图所示。

02 使用鼠标选择最后一个关键帧，单击鼠标左键并向下拖动鼠标，将该关键帧调整到最低位置，如下右图所示。

7. 执行"音频增益"命令

01 在节目监视器面板中播放音频素材，在"主音频计量器"面板中，可以看到音频超出安全范围，如下左图所示。

02 返回时间线面板，选择素材并单击鼠标右键，在弹出的快捷菜单中执行"音频增益"命令，如下右图所示。

8. 设置音频增益参数

01 在打开的"音频增益"对话框中设置音频增益参数，如下左图所示。

02 打开"主音频计量器"面板，播放素材，可以看到音频增益正常，如下右图所示。

9. 保存编辑项目

执行"文件＞保存"命令，对当前的编辑项目进行保存。

提示　一种类型的音频只能添加到与其类型相同的音频轨道中，而音频轨道一旦创建就不可更改，因此在编辑音频过程中往往需要对音频的类型进行转换。

7.4　音频特效

在Premiere Pro CC中，声音可以如同视频图像那样被添加各种特效。音频特效不仅可以应用于音频素材，还可以应用于音频轨道。本节将向读者介绍音频特效的分类和音频特效的使用方法。

音频特效名称	音频过渡特效说明
多功能延迟	延迟效果可以使音频剪辑产生回音效果，"多功能延迟"特效可以产生4层回音，可以通过参数设置，对每层回音发生的延迟时间与程度进行控制
带通	"带通"效果移除在指定范围外发生的频率或频段。此效果适用于5.1、立体声或单声道剪辑
Chorus	Chorus（合唱）效果通过添加多个短延迟和少量反馈，模拟一次性播放的多种声音或乐器，结果将产生丰富动听的声音。可以使用合唱效果来增强声轨或将立体声空间感添加到单声道音频中
DeNoiser	DeNoiser（降噪）是比较常用的音频效果之一，可以用于自动探测音频中的噪声并将其消除
Dynamics	Dynamics编辑器效果既可以使用自定义设置视图的图线控制器，又可以通过个别参数调整
EQ	EQ（均衡器）类似于一个多变量均衡器，可以通过调整音频多个频段的频率、带宽以及电平，改变音频的音响效果，通常用于提升背景音乐的效果
低通	低通效果用于删除高于指定频率界限的频率，使音频产生浑厚的低音音场效果
低音	低音效果用于提升音频波形中低频部分的音量，使音频产生低音增强效果
PitchShifter	PitchShifter（变调）是用来调整音频的输入信号基调，使音频波形产生扭曲的效果，通常用于处理人物语言的声音，改变音频的播放音色
Reverb	Reverb（回响）效果可以对音频素材模拟出在室内剧场中的音场回响效果，可以增强音乐的感染氛围
平衡	"平衡"效果只能用于立体声音频素材，用于控制左右声道的相对音量
使用右通道	"使用右通道"效果复制音频剪辑的右声道信息，并且将其放置在左声道中，丢弃原始剪辑的左声道信息。仅应用于立体声音频剪辑
使用左通道	"使用左通道"效果复制音频剪辑的左声道信息，并且将其放置在右声道中，丢弃原始剪辑的右声道信息。仅应用于立体声音频剪辑
互换声道	"互换声道"效果切换左右声道信息的位置。仅应用于立体声剪辑
参数均衡	"参数均衡"效果增大或减小位于指定中心频率附近的频率。此效果适用于5.1、立体声或单声道剪辑
反转	"反转"（音频）效果反转所有声道的相位。此效果适用于5.1、立体声或单声道剪辑
声道音量	"声道音量"效果可用于独立控制立体声或5.1剪辑或轨道中的每条声道的音量。每条声道的音量级别以分贝衡量
延迟	"延迟"效果添加音频剪辑声音的回声，用于在指定时间量之后播放。此效果适用于5.1、立体声或单声道剪辑
消除齿音	该特效主要用于对人物语音音频的清晰化处理，可以消除人物对麦克风说话时产生的齿音
高通	"高通"效果用于删除低于指定频率界限的频率，使音频产生清脆的高音音场的效果
高音	"高音"效果用于提升音频波形中高频部分的音量，使音频产生高音增强效果

7.4.1 山谷回声效果

"延迟"效果添加了音频剪辑声音的回声，用于在指定时间量之后播放。此效果适用于 5.1、立体声或单声道剪辑。

实例20 制作山谷回声效果

电影电视中经常会有回声效果的出现，山谷回声的效果是利用"延迟"音频效果实现的。本案例将通过制作山谷回声效果向读者详细讲解"延迟"效果的运用方法。

1. 新建项目并设置音频轨道参数

01 新建项目，在"新建序列"对话框中设置项目序列参数，如下左图所示。

02 在"新建序列"对话框中打开"轨道"选项卡，在该选项卡中设置轨道参数，如下右图所示。

 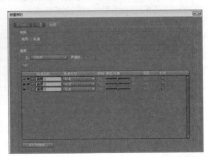

2. 导入素材并在源监视器面板中打开素材

01 将实例文件夹中的"山谷.mp4"素材导入到项目面板中，如下左图所示。

02 在项目面板中双击"山谷.mp4"素材，在源监视器面板中打开，如下右图所示。

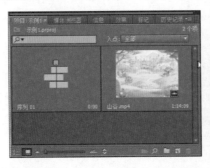 

3. 设置显示类型

01 在源监视器面板中单击"设置"按钮，在弹出的快捷菜单中执行"音频波形"命令，如下左图所示。

02 在执行"音频波形"命令之后，源监视器面板中将只显示音频波形效果，如下右图所示。

4. 插入素材并选择"延迟"音频特效

01 在源监视器面板中，将素材插入到时间线面板中，如下左图所示。

02 打开"效果"面板，在"音频效果"中选择"延迟"音频特效，如下右图所示。

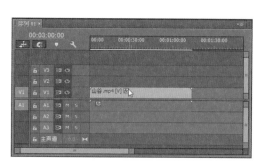

5. 设置"延迟"音频特效参数

01 在为素材添加了"延迟"音频特效之后，切换到"效果控件"面板，即可看到特效参数如下左图所示。

02 设置"延迟"的数值为0.500秒，"反馈"的值为5.0%，"混合"的值为40.0%，如下右图所示。

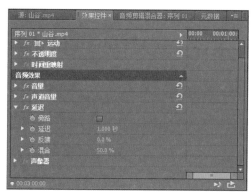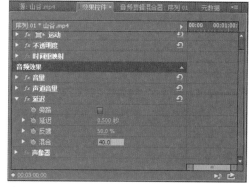

6. 导出项目

01 设置完成后，按Ctrl+M组合键，弹出"导出设置"对话框，然后在对话框中设置导出文件参数，如下左图所示。

02 单击"确定"按钮，即可对当前项目进行输出，完成上述操作之后，即可在节目监视器面板播放，如下右图所示。

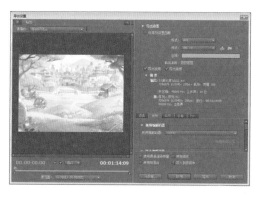

7.4.2 消除背景杂音效果

在Premiere Pro CC中，可以通过DeNoiser（降噪）特效来降低音频素材中的机器噪声、环境噪声和外音等杂音。

实例21 消除背景杂音 ————————————————————————

信息采集过程中，经常会采集到一些噪音，本案例将通过消除背景杂音效果向读者详细讲解"降噪"效果的运用。

1. 新建项目并设置音频轨道参数

01 新建项目，在"新建序列"对话框中设置项目序列参数，如下左图所示。

02 在"新建序列"对话框中打开"轨道"选项卡，在该选项卡中设置轨道参数，如下右图所示。

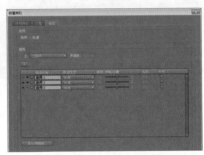

2. 导入素材并在源监视器面板中打开素材

01 将实例文件夹中的"演唱会.mov"素材导入到项目面板中，如下左图所示。

02 在项目面板中双击"演唱会.mov"素材，在源监视器面板中打开，如下右图所示。

3. 设置显示类型

01 在源监视器面板中单击"设置"按钮，在弹出的快捷菜单中执行"音频波形"命令，如下左图所示。

02 在执行"音频波形"命令之后，源监视器面板中将只显示音频波形效果，如下右图所示。

4. 插入素材并选择DeNoiser音频特效

01 在源监视器面板中，将素材插入到时间线面板中，如下左图所示。

02 打开"效果"面板，在"音频效果"中选择DeNoiser（降噪）音频特效，如下右图所示。

5. 设置"降噪"特效参数

01 在为素材添加了DeNoiser（降噪）音频特效之后，切换到"效果控件"面板，单击"自定义设置"按钮，如下左图所示。

02 在弹出的"剪辑效果编辑器"对话框中设置参数，如下右图所示。

6. 导出项目

01 设置完成后，按Ctrl+M组合键，弹出"导出设置"对话框，在对话框中设置导出文件参数，如下左图所示。

02 单击"确定"按钮，即可对当前项目进行输出，完成上述操作之后，即可在节目监视器面板中播放，如下右图所示。

7.4.3 超重低音效果

在Premiere Pro CC中，"低通"效果用于删除高于指定频率界限的频率，使音频产生浑厚的低音音场效果。

实例22 制作超重低音效果

影视剪辑工作中，经常会对音频进行效果处理，其中低音音场效果对于氛围塑造作用重大。本案例将通过制作超重低音效果，向读者详细讲解"低通"效果的运用。

1. 新建项目并设置音频轨道参数

01 新建项目，在"新建序列"对话框中设置项目序列参数，如下左图所示。

02 在"新建序列"对话框中打开"轨道"选项卡，在该选项卡中设置轨道参数，如下右图所示。

 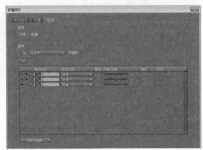

2. 导入素材并在"源"监视器面板中打开素材

01 将"第七章"文件夹中的"喜迎国庆.mp4"素材导入到项目面板中，如下左图所示。

02 在项目面板中双击"喜迎国庆.mp4"素材，在源监视器面板中打开，如下右图所示。

3. 设置显示类型

01 在源监视器面板中单击"设置"按钮，在弹出的快捷菜单中执行"音频波形"命令，如下左图所示。

02 在执行"音频波形"命令之后，源监视器面板中将只显示音频波形效果，如下右图所示。

 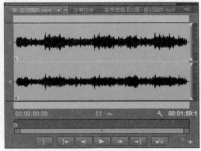

4. 插入素材并选择"低通"音频特效

01 在源监视器面板中，将素材插入到时间线面板中，如下左图所示。

02 打开"效果"面板，在"音频效果"中选择"低通"音频特效，如下右图所示。

5. 设置"低通"特效参数

01 在为素材添加了"低通"音频特效之后，切换到"效果控件"面板，单击"屏蔽度"选项左侧的"切换动画"按钮，添加第一个关键帧，如下左图所示。

02 拖曳时间指示器到00:01:00:00处，添加一个关键帧，设置"屏蔽度"为500Hz，如下右图所示。

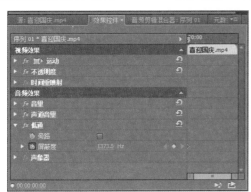 

6. 导出项目

01 设置完成后，按Ctrl+M组合键，弹出"导出设置"对话框，在对话框中设置导出文件参数，如下左图所示。

02 单击"确定"按钮，即可对当前项目进行输出，完成上述操作之后，即可在节目监视器面板中播放，如下右图所示。

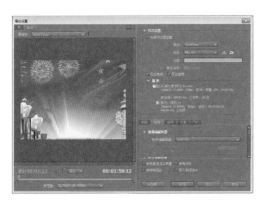 

知识延伸：其他常用音频特效

在这里，我们将向读者介绍部分常用的音频特效，如Chorus（合唱）、Flanger（波浪）、多功能延迟和Pitch Shifter（变调）等音频特效。

1. Chorus（合唱）音频特效

Chorus（合唱）音频特效可创造出合声效果。该音频特效通过复制原始声音并将其做降调处理或将频率稍加偏移形成效果声，然后让效果声与原始声音混合播放。若音频素材仅包含单乐器或语音音频信号，使用Chorus（合唱）音频特效通常可取得较好效果。Mix（最小值）参数用于设定原始声音与效果声混合程度，一般情况下将该参数值设置为50%。Chorus（合唱）音频特效参数控制面板如下左图所示。

2. Flanger（波浪）音频特效

Flanger（波浪）音频特效可将原始声音频率反向并与原始声音混合，与Chorus（合唱）音频特效效果类似，能够使声音产生推波助澜的效果。Mix（最小值）参数用于设定原始声音与效果声的混合比例，其中Dry（干性）为原始声音，Effect（效果）为音频特效的声音，Depth参数用于设定效果延迟，Rate参数用于设定效果循环速度，勾选Preview Sound复选框可预听设置的声音效果。Flanger（波浪）音频特效参数控制面板如下中图所示。

3. Pitch Shifter（变调）音频特效

Pitch Shifter（变调）音频效果是用来调整音频输入信号基调，使音频波形产生扭曲的效果，通常用于处理人物语音的声音，改变音频的播放音色，例如，将年轻人的声音变成老年人的声音，模拟机器人语音效果等。Pitch Shifter（变调）音频特效参数控制面板如下右图所示。

4. 多功能延迟音频特效

"多功能延迟"音频特效可对效果进行高程度控制，电子舞蹈音乐能同步、重复回声效果。该音频特效有4个延迟层级，通过对不同层级的参数进行设置，可控制整个音频特效的效果。

上机实训：室内混响效果的制作

在音频编辑操作中，经常需要制作室内混响的效果，以增强音乐的感染氛围。在Premiere Pro CC中，可以通过Reverb（混响）来制作所需的音频效果。在此将向读者介绍为音频素材应用Reverb（混响）音频特效的方法。

1. 新建项目并设置音频轨道参数

步骤 01 新建项目，在"新建序列"对话框中设置项目序列参数，如下图所示。

步骤 02 在"新建序列"对话框中打开"轨道"选项卡，在该选项卡中设置轨道参数，如下图所示。

2. 导入素材并在源监视器面板中打开素材

步骤 01 将"第七章"文件夹中的"sky.mov"素材导入到项目面板中，如下图所示。

步骤 02 在项目面板中双击"sky.mov"素材，在源监视器对话框中打开，如下图所示。

3. 设置显示类型

步骤 01 在源监视器面板中单击"设置"按钮，在弹出的快捷菜单中执行"音频波形"命令，如下图所示。

步骤 02 在执行"音频波形"命令之后，在源监视器面板中将只显示音频波形效果，如下图所示。

4. 插入素材并选择混响音频特效

步骤 01 在源监视器面板中，将素材插入到时间线面板中，如下图所示。

步骤 02 打开"效果"面板，在"音频效果"中选择Reverb（混响）音频特效，如下图所示。

5. 设置混响音频特效参数

步骤 01 打开"效果控件"面板并展开Reverb（混响）音频特效卷展栏，单击"自定义设置"右侧的"编辑"按钮，如下图所示。

步骤 02 在Reverb（混响）音频特效面板中设置相应的参数，如下图所示。

6. 设置导出参数

步骤 01 设置完成后，执行"文件>导出>媒体"命令，如下图所示。

步骤 02 在弹出的"导出设置"对话框中设置导出文件参数，如下图所示。

7. 保存编辑项目

步骤 01 单击"确定"按钮，即可对当前项目进行输出，如下图所示。

步骤 02 完成上述操作之后，即可在节目监视器面板中播放，如下图所示。

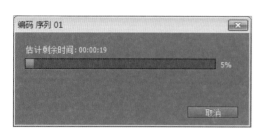

 课后实践

1. 制作交响乐效果。

操作要点

01 在 "效果" 面板中选择 "多频段压缩器（旧版）" 特效添加到音频素材上；

02 单击 "自定义设置" 选项右侧的 "编辑" 按钮，设置相关参数；

03 设置关键帧，制造高低起伏的效果。

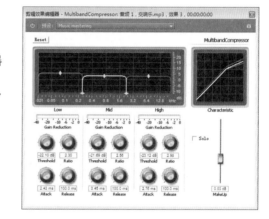

2. 制作左右声道的渐变转化。

操作要点

01 在 "音频效果" 中选择 "平衡" 特效添加到音频素材上；

02 在开始处添加关键帧，设置 "平衡" 参数为-100，即在左声道播出；

03 在00:01:00:00处再添加一个关键帧，设置 "平衡" 参数为100，即在右声道播出。

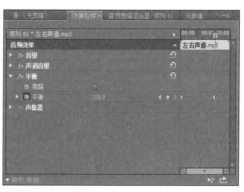

Chapter 08 项目的渲染与输出设置

本章概述

在编辑完成影片项目内容之后，最后一个步骤就是将编辑好的项目文件进行渲染并导出为可以独立播放的视频文件或是其他格式文件。Premiere Pro CC 提供了多种输出方式，可以输出不同的文件类型。本章将为读者详细介绍输出选项的设置，以及将影片输出为不同格式的方法与技巧。

核心知识点

❶ 影片输出的类型和格式
❷ 影片项目的预演
❸ 输出视频和音频的设置
❹ 各种格式文件输出

8.1 输出准备

影视剪辑工作中，输出完整影片之前要做好输出准备，其工作包括时间线设置、渲染预览以及输出方式的选择等，在此将首先介绍输出准备工作的内容。

8.1.1 时间线设置

在时间线面板工具栏中移动缩放滑块，调整轨道的显示比例，如下左图所示。将鼠标指针放置到轨迹栏工作区域的右端，单击鼠标右键并向右拖动调整工作区域的效果，如下右图所示。

8.1.2 渲染预览

渲染就是把编辑好的文字、图像、音频和视频效果等做以下预处理，生成暂时的预览视频，以使编辑的时候，预览流畅和提高最终的输出速度、节约时间。渲染后原先红色的时间线会变成绿色。选中需要渲染的工作区域后，依次执行"序列>渲染入点到出点的效果"命令，如下图所示。

8.1.3 输出方式

在Premiere Pro CC中，输出方式大致分为菜单命令导出和快捷键导出两种，下面将逐一进行介绍。

方法一：执行"文件>导出>媒体"命令，在弹出的"导出设置"对话框中设置参数。

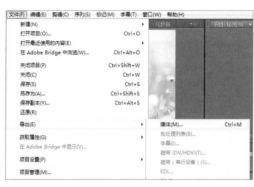

方法二：按Ctrl+M组合键，在弹出的"导出设置"对话框中设置参数。

实例23 实时预演

由于实时预演不需要等待系统对画面进行预先的渲染，当播放素材或者拖动时间滑块时画面会同步显示变化效果，因此实时预演是在编辑过程中经常使用的预演方法。

1. 新建项目并导入素材

01 新建项目，在"新建序列"对话框中设置项目序列参数，如下左图所示。

02 打开"轨道"选项卡，在该选项卡中设置音频轨道与视频轨道参数，如下右图所示。

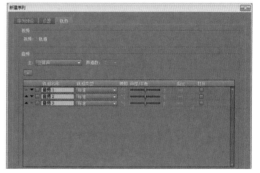

2. 导入并插入素材

01 将"第八章"文件夹中"童年"文件夹中的所有素材文件导入到项目面板，如下左图所示。

02 将导入到项目面板的素材插入到时间线面板，如下右图所示。

3. 应用视频过渡特效

01 打开"效果"面板,在该面板中依次展开"视频过渡>溶解"卷展栏,选择"抖动溶解"视频过渡特效,如下左图所示。

02 将选择的"抖动溶解"视频过渡特效添加到时间线面板中的V1轨道的"01.jpg"和"02.jpg"间,如下右图所示。

4. 设置特效参数

01 在时间线面板中选择添加的视频转场特效,打开"效果控件"面板,设置特效参数,如下左图所示。

02 在设置特效的参数之后,打开节目监视器面板,在该面板中画面的显示效果如下右图所示。

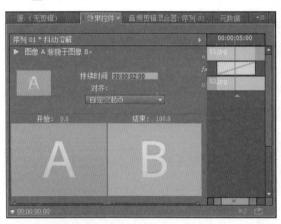 

5. 设置工作区域

01 在时间线面板工具栏中移动缩放滑块,调整轨道的显示比例,如下左图所示。

02 将鼠标指针放置到轨迹栏工作区域的右端,单击鼠标左键并向左拖动调整工作区域的效果,如下右图所示。

6. 选择工作区域位置后执行渲染命令

01 按住Alt键，将鼠标指针放置到时间线面板的工作区域上并单击，在时间线面板中，将鼠标指针向右拖动，直到选中所有的素材处，如下左图所示。

02 执行"序列＞渲染入点到出点的效果"命令，如下右图所示。

7. 渲染工作区域

01 在执行"渲染入点到出点的效果"命令之后，系统将自动渲染工作区域，如下左图所示。

02 在渲染完成之后，工作区域的状态线成为绿色，如下右图所示。

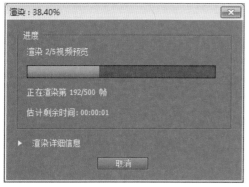

8. 保存编辑并预览项目

01 在预演工作区域之后，执行"文件＞保存"命令，对当前的编辑项目进行保存，如下左图所示。

02 在完成上述操作后，即可在节目监视器面板中预览效果，如下右图所示。

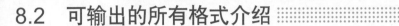

8.2　可输出的所有格式介绍

　　影视编辑工作中需要各种各样格式的文件，在Premiere Pro CC中，支持输出成多种不同格式的文件。下面将详细介绍可输出的所有格式以及每一种文件格式的属性。

8.2.1　可输出的视频格式

　　可输出的视频格式文件包括以下几种：

1. AVI格式文件

　　AVI英文全称为Audio Video Interleaved，即音频视频交错格式，是将语音和影像同步组合在一起的文件格式。它对视频文件采用了一种有损压缩方式。尽管画面质量不是太好，但应用范围却非常广泛，可实现多平台兼容。AVI文件主要应用在多媒体光盘上，用来保存电视、电影等各种影像信息。

2. QuickTime格式文件

　　QuickTime影片格式即MOV格式文件，它是Apple公司开发的一种音频、视频文件格式，用于存储常用数字媒体类型。MOV文件声画质量高，播出效果好，但跨平台性较差，很多播放器都不支持mov格式影片的播放。

3. MPEG4格式文件

　　MPEG是运动图像压缩算法的国际标准，现已被几乎所有计算机平台支持。其中MPEG4是一种新的压缩算法，使用该算法可将一部120分钟长的电影压缩为300 M左右的视频流，便于传输和网络播出。

4. FLV格式文件

　　FLV格式是FLASH VIDEO格式的简称，随着Flash MX的推出，Macromedia公司开发了属于自己的流媒体视频格式——FLV格式。FLV流媒体格式是一种新的视频格式，由于它形成的文件极小、加载速度也极快，这就使得网络观看视频文件成为可能。FLV格式不仅可以轻松的导入Flash中，几百帧的影片就以两秒钟，同时也可以通过rtmp协议从Flashcom服务器上流式播出。因此目前国内外主流的视频网站都使用这种格式的视频在线观看。

5. H.264格式文件

　　H.264被称作AVC（Advanced Video Codec/先进视频编码），是MPEG4标准的第10部分，用来取代之前MPEG4第2部分（简称MPEG4P2）所制定的视频编码，因为AVC有着比MPEG4P2强很多的压缩效率。最常见的MPEG4P2编码器有divx和xvid（开源），最常见的AVC编码器是x264（开源）。

8.2.2　可输出的音频格式

　　可输出的音频格式文件包括以下几种：

1. MP3格式文件

　　MP3是一种音频压缩技术，其全称是动态影像专家压缩标准音频层面3（Moving Picture Experts Group Audio Layer III），简称为MP3，它被设计用来大幅度地降低音频数据量。利用 MPEG Audio Layer 3 的技术，将音乐以1:10甚至1:12的压缩率，压缩成容量较小的文件，而对于大多数用户来说重放的音质与最初的不压缩音频相比没有明显的下降。其优点是压缩后占用空间小，适用于移动设备的存储和使用。

2. WAV格式文件

　　WAV波形文件，是微软和IBM共同开发的PC标准声音格式，文件后缀名.wav，是一种通用的音频数据文件。通常使用WAV格式用来保存一些没有压缩的音频，也就是经过PCM编码后的音频，因此也称为波形文件，依照声音的波形进行存储，因此要占用较大的存储空间。

3. AAC音频格式文件

AAC（Advanced Audio Coding），中文称为"高级音频编码"，出现于1997年，基于 MPEG-2的音频编码技术。诺基亚和苹果公司共同开发，目的是取代MP3格式。2000年，MPEG-4标准出现后，AAC重新集成了其特性，加入了SBR技术和PS技术，为了区别于传统的 MPEG-2 AAC 又称为 MPEG-4 AAC。

4. Windows Media格式文件

WMA的全称是Windows Media Audio，是微软力推的一种音频格式。WMA格式是以减少数据流量但保持音质的方法来达到更高的压缩率目的，其压缩率一般可以达到1:18，生成的文件大小只有相应MP3文件的一半。

8.2.3 可输出的图像格式

可输出的图像格式文件包括以下几种：

1. GIF格式文件

GIF英文全称为Graphics Interchange Format，即图像互换格式，GIF图像文件是以数据块为单位来存储图像的相关信息。该格式的文件数据是一种基于LZW算法的连续色调无损压缩格式，是网页中使用最广泛、最普遍的一种图像格式。

2. BMP格式文件

BMP是Windows操作系统中的标准图像文件格式，可以分成两类：设备相关位图和设备无关位图，使用非常广。它采用位映射存储格式，除了图像深度可选以外，不采用其他任何压缩，因此，BMP文件所占用的空间很大。由于BMP文件格式是Windows环境中交换与图有关数据的一种标准，因此在Windows环境中运行的图形图像软件都支持BMP图像格式。

3. PNG格式文件

PNG的名称来源于"可移植网络图形格式（Portable Network Graphic Format）"，是一种位图文件存储格式。PNG的设计目的是试图替代GIF和TIFF文件格式，同时增加一些GIF文件格式所不具备的特性。该格式一般应用于JAVA程序、网页中，原因是它压缩比高，生成文件体积小。

4. Targa格式文件

TGA（Targa）格式是计算机上应用最广泛的图像格式。在兼顾了BMP的图象质量的同时又兼顾了JPEG的体积优势。该格式自身的特点是通道效果、方向性。在CG领域常作为影视动画的序列输出格式，因为兼具体积小和效果清晰的特点。

8.3 输出设置

在影视编辑工作中，输出影片前要进行相应的参数设置，其中包括导出设置、视频设置和音频设置等内容。本节向读者详细介绍输出影片的具体操作方法。

8.3.1 导出设置选项

"导出设置"对话框中的选项可以用来确定影片项目的导出格式、路径、文件名称等。

01 在项目面板中选择要导出的合成序列，然后执行"文件>导出>媒体"命令，如下左图所示。

02 弹出"导出设置"对话框，设置相应参数，如下右图所示。

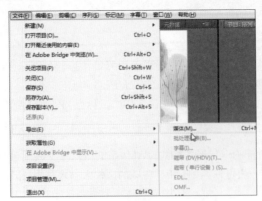

8.3.2 视频设置选项

"视频"选项卡中的设置选项可以对导出文件的视频属性进行设置，包括视频编解码器、影像质量、影像画面尺寸、视频帧速率、场序、像素长宽比等。选中的不同的导出文件格式，设置选项也不同，可以根据实际需要进行设置，或保持默认的选项设置执行输出。视频设置选项如下图所示。

8.3.3 音频设置选项

"音频"选项卡中的设置选项可以对导出文件的音频属性进行设置，包括音频编解码器类型、采样率、声道格式等。音频设置选项如下图所示。

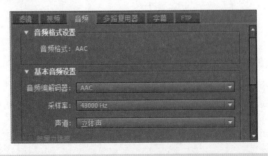

提示 采用比源音频素材更高的品质进行输出时，并不会提升音频的播放音质，反而会增加文件的大小。

实例24 输出单帧图像

Premiere Pro CC支持导出单帧图像，而在实际编辑过程中，有时候用户需要将影片中的某一帧画面作为单张静态的图像导出，该功能极大地方便了用户。本案例向读者介绍输出单帧图像的方法。

1. 新建项目并设置音频轨道参数

01 新建项目，在"新建序列"对话框中设置项目序列参数，如下左图所示。

02 在"新建序列"对话框中打开"轨道"选项卡，在该选项卡中设置轨道参数，如下右图所示。

2. 导入素材并在源监视器面板中打开素材

01 将文件夹中的"羊.mov"素材导入到项目面板中，如下左图所示。

02 在项目面板中双击"羊.mov"素材，在源监视器面板中打开，如下右图所示。

3. 插入素材并设置时间滑块位置

01 将源监视器面板中的素材插入到时间线面板，如下左图所示。

02 在时间线面板中，将时间滑块拖动至00:01:17:00处，如下右图所示。

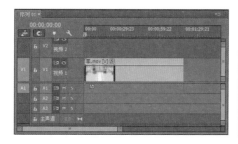 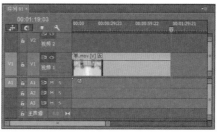

4. 执行导出媒体命令

01 在设置了时间滑块的位置之后，执行"文件>导出>媒体"命令，如下左图所示。

02 执行了该命令后，即会弹出"导出设置"对话框，如下右图所示。

 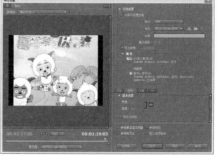

5.设置图像格式参数

01 在"导出设置"对话框中,单击"格式"后的下拉按钮,在弹出的下拉列表中选择TIFF选项,如下左图所示。

02 打开"视频"选项卡,在该选项卡中设置"基本设置"中的参数,如下右图所示。

6.输出单帧图像并预览

01 单击"确定"按钮后,即可输出静帧图像,如下左图所示。

02 用其他看图软件打开,预览效果,如下右图所示。

 ## 知识延伸:用于网络传播的视频格式

在日常的应用中,除了前面介绍的多种视频格式外,还有专用于网络传播的视频格式,下面将对3GP格式和F4V格式进行详细介绍。

- **3GP格式文件**:3GP是一种3G流媒体的视频编码格式,主要是为了配合3G网络的高传输速度而开发的,也是目前手机中最为常见的一种视频格式。目前有许多具备摄像功能的手机,拍出来的短片文件其实都是以3GP为后缀的.3GP格式的文件小,便于网络传播。

- **F4V格式文件**:F4V是Adobe公司为了迎接高清时代而推出继FLV格式后的支持H.264的流媒体格式。它和FLV主要的区别在于,FLV格式采用的是H263编码,而F4V则支持H.264编码的高清晰视频,码率最高可达50Mbps。主流的视频网站都开始用H264编码的F4V文件,H264编码的F4V文件,相同文件大小情况下,清晰度明显比On2 VP6和H263编码的FLV要好。

上机实训：输出FLV格式影片

FLV流媒体格式是一种新的视频格式，由于它形成的文件极小、加载速度也极快，目前国内外主流的视频网站都使用这种格式的视频在线观看。影视编辑工作中，经常会输出FLV格式的影片。本案例向读者详细介绍输出FLV格式影片的具体操作。

1. 新建项目并导入素材

步骤 01 新建项目，在"新建序列"对话框中设置项目序列参数，如下图所示。

步骤 02 将实例文件夹中"猫咪"文件夹中所有素材导入项目面板中，如下图所示。

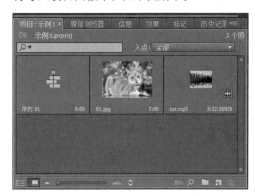

2. 预览并插入素材

步骤 01 在项目面板中双击"01.jpg"图像素材，打开源监视器面板，在该面板中预览素材的效果，如下图所示。

步骤 02 将"01.jpg"图像素材插入时间线面板中的V1轨道的开始处，如下图所示。

步骤 03 将"cat.mp3"音频素材插入到时间线面板上的A1轨道的开始处，如下图所示。

步骤 04 拖动"01.jpg"图像素材，使之和"cat.mp3"音频素材持续时间相同，如下图所示。

3. 执行导出媒体命令

步骤01 执行"文件>导出>媒体"命令，如下图所示。

步骤02 在执行导出媒体命令之后，即可弹出"导出设置"对话框，如下图所示。

4. 设置格式类型及视频编码参数

步骤01 单击"格式"后的下拉按钮，在弹出的下拉列表中选择FLV选项，如下图所示。

步骤02 切换至"视频"选项卡，在该选项卡中设置视频编码等参数，如下图所示。

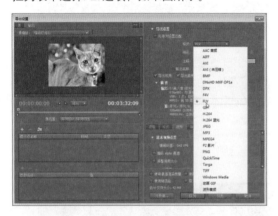

5. 导出视频并观看效果

步骤01 单击"导出"按钮，弹出"编码序列 01"对话框，开始导出编码文件，如下图所示。

步骤02 完成上述操作之后，即可播放视频，观看视频效果，如下图所示。

课后实践

1. 单独输出"羊.mov"视频素材中的音频内容，以用作背景音乐。

操作要点

01 对完整的视频进行"取消链接"操作；

02 在"格式"下拉列表中选择音频文件格式后，为输出的音频文件设置好保存目录和文件名称；

03 在"音频"选项卡中设置音频属性选项。

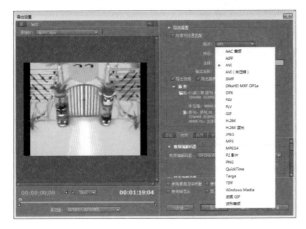

2. 输出一组带有序列编号的序列图片。

操作要点

01 导入需要输出的序列，在"源范围"中选择并设置输出的时间范围；

02 在"格式"下拉列表中选择JEPG文件格式；

03 为输出生成的文件设置好保存目录和文件名称。

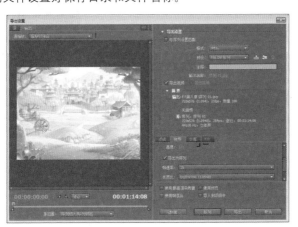

Excel
实战技巧精粹辞典
2013

568

环境日益恶化
物种濒临灭绝

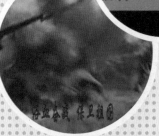

经典一　小兵张嘎
经典二　亮剑
经典三　中国远征军
经典四　平原枪声

02

PART

综合案例篇

综合案例篇包含3章,对Premiere Pro CC的应用热点逐一进行理论分析和案例精讲,完整地讲解了3个大型案例的制作流程和操作技巧,实用性强。使读者学习后,真正达到学以致用的效果。

Chapter 09 制作图书宣传短片

本章概述

随着宣传方式的日益多样化，视频宣传成为一种备受欢迎的宣传形式。很多图书公司和出版机构都会通过宣传片的形式向广大受众展示图书信息，以达到更好的宣传的效果。本章将主要讲述使用Premiere Pro CC制作图书宣传短片，向读者介绍具体的操作方法及过程。

核心知识点

❶ 新建项目与素材导入
❷ 制作引导视频
❸ 视频过渡特效的设置
❹ 视频效果的设置

9.1 创意构思

制作影视片头画面应该与片头的主题紧密相连，如制作图书宣传片的片头，画面内容基本上应该与图书及其内容等相关，并且通过背景音乐、画面的动静变化来突出整个片头的主题。在确定了创作思路之后，接下来的工作便是画面构图了。

由于本例主要是展示出版相关书籍的内容，因此可以使用图书展示和字幕介绍相结合的画面，并添加一些快节奏变化的效果。本实例最终完成后的部分画面如下图所示。

9.2 新建项目与导入素材

本节将对项目的新建，素材的导入方式，音频轨道参数的设置，静帧持续时间参数的设置等操作进行详细介绍。

1. 新建项目并设置音频轨道参数

01 新建项目，在"新建序列"对话框中设置项目序列参数，如下左图所示。

02 在"新建序列"对话框中打开"轨道"选项卡，从中设置轨道参数，如下右图所示。

2. 设置静帧持续时间参数

01 依次执行 "编辑>首选项>常规"命令，如下左图所示。

02 打开"首选项"对话框，切换至"常规"选项卡，设置"静止图像默认持续时间"参数为125，如下右图所示。

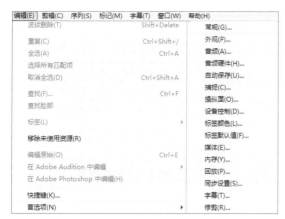 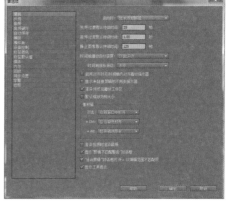

3. 导入素材

01 在进入Premiere的工作界面之后，依次执行"文件>导入"命令，如下左图所示。

02 弹出"导入"对话框，从中选择"第九章"文件夹中的所有素材，单击"打开"按钮，将选择的素材导入到"项目"面板中，如下右图所示。

9.3 制作引导视频

本节将详细介绍序列的新建、字幕的创建、基于字幕新建字幕、字幕属性的设置以及对字幕设置转场效果等操作。

1. 新建序列

01 新建一个序列，将该序列重命名为"背景"，如下左图所示。

02 将导入到"项目"面板中的图像素材"1.jpg"插入到"背景"序列的V1轨道中，拖至00:02:00:00处，如下右图所示。

2. 创建字幕元素并插到"时间轴"上

01 按Ctrl+T组合键，在弹出的"新建字幕"对话框中设置"视频设置"参数，"名称"为"字幕01"，设置完成后单击"确定"按钮，如下左图所示。

02 然后将"字幕01"拖至V2轨道上，如下右图所示。

03 用同样的方法创建"字幕02"字幕，如下左图所示。

04 设置完成后将"字幕02"拖至V2轨上的"字幕01"之后，如下右图所示。

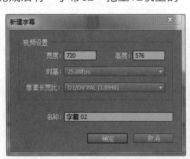

3. 设置字幕属性

01 打开"字幕01"的字幕设计器面板，使用输入工具输入"国内最全办公图书 重磅出击"等文字，如下左图所示。

02 打开"字幕属性"面板，在面板中设置"字体系列"为"迷你简启体"，"字体大小"为100，"不透明度"为100%，"X位置"为400，"Y位置"为300，"宽度"为700，"高度"为200等参数，如下右图所示。

03 设置"填充类型"为"实底","颜色"为默认白色，设置"外描边"、"内描边"和"阴影"选项，参数设置如下左图所示。

04 执行上述操作之后，在工作区中显示字幕效果，如下右图所示。

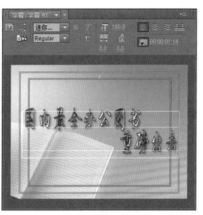

05 用同样的方法设置"字幕02"字幕属性，"字体系列"为"Adobe 楷体"，"字体大小"为100，"不透明度"为100%，"X位置"为400，"Y位置"为300，"宽度"为800，"高度"为100，设置"填充类型"为"实底"，"颜色"为默认白色，设置"外描边"和"阴影"选项，参数设置如下左图所示。

06 执行上述操作之后，在工作区中显示字幕效果，如下右图所示。

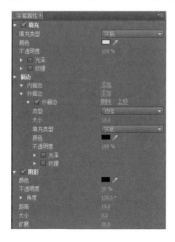

4. 基于当前字幕新建字幕

01 在"字幕02"中，将鼠标移到字幕编辑面板左上角，单击"基于当前字幕新建字幕"按钮，新建"字幕03"，如下左图所示。

02 关闭字幕编辑面板，把时间指示器拖至00:00:07:00的位置，将"字幕03"添加到V3轨道上时间指示器位置，调整其持续时间为00:00:03:00，如下右图所示。

03 在"效果"面板中展开"视频效果>风格化"卷展栏，选择"Alpha发光"选项，如下左图所示。

04 将Alpha发光视频效果添加到"字幕03"上，如下右图所示。

05 打开"效果控件"面板，设置"发光"为10，"亮度"为255，如下左图所示。

06 操作完成后，可在节目监视器中观看效果，如下右图所示。

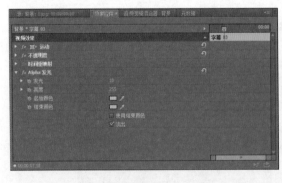

5. 给字幕素材设置视频转场

01 在"效果"面板中展开"视频过渡>3D运动"卷展栏，选择"旋转"视频过渡效果，如下左图所示。

02 将"旋转"效果添加"字幕01"开始处，如下右图所示。

中文版Premiere Pro CC艺术设计实训案例教程

03 在"效果控件"面板中设置持续时间为00:00:02:00，如下左图所示。

04 设置完成后，单击"播放-停止切换"按钮，预览效果，如下右图所示。

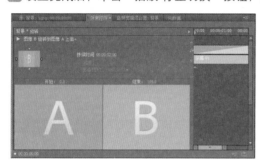

05 同样方法给"字幕02"添加"推"视频过渡效果，设置持续时间为00:00:02:00，如下左图所示。

06 设置完成后，单击"播放-停止切换"按钮，预览效果，如下右图所示。

6. 给字幕素材设置视频转场

01 选择"字幕01"，打开"效果控件"面板，将时间指示器拖至00:00:00:00处，添加第一个关键帧，设置"不透明度"为0%；将时间指示器拖至00:00:02:00处，添加第二个关键帧，设置"不透明度"为100%；将时间指示器拖至00:00:05:00处，添加第三个关键帧，设置"不透明度"为0%；如下左图所示。

02 用同样的方法，在00:00:05:00、00:00:07:00和00:00:10:00处分别给"字幕02"添加关键帧，设置"不透明度"分别为0%、100%和0%，如下右图所示。

9.4 添加背景音乐

本节将对音频的插入操作进行详细介绍。

01 打开"项目"面板,选择"01.mp3"音频素材文件,如下左图所示。

02 将选定的"01.mp3"素材插入到时间轴面板中的A1音频轨道上,如下右图所示。

9.5 添加视频素材并设置切换效果

本节将对视频素材的插入,关键帧的添加与参数设置等操作进行详细介绍。

1. 插入视频素材

01 拖动时间块到00:00:10:00处,打开"项目"面板,将"C-1.png"素材插入到时间轴面板中的V2轨道中,如下图所示。

02 依次将剩余素材插入到V2轨道中,如下图所示。

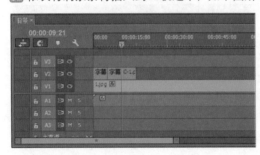

2. 制作主体字幕

01 按Ctrl+T组合键,新建"字幕04",将其添加至V3轨道的00:00:10:00处,调整持续时间与"C-1.png"相同,如下左图所示。

02 打开字幕编辑面板,在工作区合适位置输入文字"Office 2013实战技巧精粹辞典(超值双色版)",然后在"字幕属性"面板中设置"字体系列"为"Adobe黑体","字体大小"为60,"X位置"为405,"Y位置"为500,"宽度"为800,"高度"为60,如下右图所示。

03 继续设置"填充类型"为"实底"，颜色为默认白色，添加"外描边"效果，设置"大小"为20，添加"阴影"效果，设置参数如下左图所示。

04 执行上述操作之后，在工作区中显示字幕效果，如下右图所示。

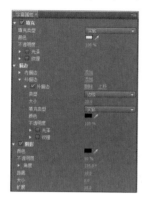 

3. 给"C-2.png"和"C-3.png"添加字幕

01 用同样的方法给"C-2.png"添加"字幕05"，输入文字"PPT 2013实战技巧精粹辞典（超值全彩版）"，在"字幕属性"面板中设置，"字体系列"为"Adobe黑体"，"字体大小"为60，"X位置"为405，"Y位置"为500，"宽度"为800，"高度"为60，设置"填充类型"为"实底"，颜色为默认白色，添加"外描边"效果，设置"大小"为20，添加"阴影"效果，设置参数同"字幕04"相同，效果如下左图所示。

02 用同样的方法给"C-3.png"添加"字幕06"，输入文字"Excel 2013实战技巧精粹辞典（超值双色版）"，在"字幕属性"面板中设置，"字体系列"为"Adobe黑体"，"字体大小"为60，"X位置"为405，"Y位置"为500，"宽度"为800，"高度"为60，设置"填充类型"为"实底"，颜色为默认白色，添加"外描边"效果，设置"大小"为20，添加"阴影"效果，设置参数同"字幕04"相同，效果如下右图所示。

4. 给"C-4.png"和"C-5.png"添加字幕

01 用同样的方法给"C-4.png"添加"字幕07"，输入文字"Excel会计与财务实战技巧精粹辞典（2013超值双色版）"，在"字幕属性"面板中设置，"字体系列"为"Adobe黑体"，"字体大小"为60，"X位置"为405，"Y位置"为500，"宽度"为800，"高度"为60，设置"填充类型"为"实底"，颜色为默认白色，添加"外描边"效果，设置"大小"为20，添加"阴影"效果，设置参数同"字幕04"相同，效果如下左图所示。

02 用同样的方法给"C-5.png"添加"字幕08"，输入文字"Excel 2013图表与数据分析实战技巧精粹辞典"，在"字幕属性"面板中设置，"字体系列"为"Adobe黑体"，"字体大小"为60，"X位置"为400，"Y位置"为500，"宽度"为760，"高度"为60，设置"填充类型"为"实底"，颜色为默认白色，添加"外描边"效果，设置"大小"为20，添加"阴影"效果，设置参数同"字幕04"相同，效果如下右图所示。

5. 给"C-6.png"和"C-7.png"添加字幕

01 用同样的方法给"C-6.png"添加"字幕09"，输入文字"Excel 2013数据透视表实战技巧精粹辞典"，在"字幕属性"面板中设置，"字体系列"为"Adobe黑体"，"字体大小"为60，"X位置"为400，"Y位置"为500，"宽度"为760，"高度"为60，设置"填充类型"为"实底"，颜色为默认白色，添加"外描边"效果，设置"大小"为20，添加"阴影"效果，设置参数同"字幕04"相同，效果如下左图所示。

02 用同样的方法给"C-7.png"添加"字幕10"，输入文字"Excel会计与财务实战技巧精粹辞典（2013超值双色版）"，在"字幕属性"面板中设置，"字体系列"为"Adobe黑体"，"字体大小"为60，"X位置"为405，"Y位置"为500，"宽度"为800，"高度"为60，设置"填充类型"为"实底"，颜色为默认白色，添加"外描边"效果，设置"大小"为20，添加"阴影"效果，设置参数同"字幕04"相同，效果如下右图所示。

6. 给"C-8.png"和"C-9.png"添加字幕

01 同样的方法给"C-8.png"添加"字幕11"，输入文字"Excel函数与公式大辞典（2013升级版）"，在"字幕属性"面板中设置，"字体系列"为"Adobe黑体"，"字体大小"为60，"X位置"为405，"Y位置"为500，"宽度"为800，"高度"为60，设置"填充类型"为"实底"，颜色为默认白色，添加"外描边"效果，设置"大小"为20，添加"阴影"效果，设置参数同"字幕04"相同，效果如下左图所示。

02 用同样的方法给"C-9.png"添加"字幕12"，输入文字"Word/Excel 2013实战技巧精粹辞典（全彩精华版）"，在"字幕属性"面板中设置，"字体系列"为"Adobe黑体"，"字体大小"为60，"X位置"为405，"Y位置"为500，"宽度"为800，"高度"为60，设置"填充类型"为"实底"，颜色为默认白色，添加"外描边"效果，设置"大小"为20，添加"阴影"效果，设置参数同"字幕04"相同，效果如下右图所示。

7. 给 "C-1.png" 和 "字幕04" 素材添加关键帧

01 单击 "C-1.png" 素材，拖动时间滑块到00:00:10:00处，打开 "效果控件" 面板，给 "C-1.png" 添加第一个关键帧，设置 "不透明度" 为0%；在00:00:13:00处，添加第二个关键帧，设置 "不透明度" 为100%；在00:00:15:00处，添加第三个关键帧，设置 "不透明度" 为0%，如下左图所示。

02 完成此操作后，在节目监视器中可查看关键帧效果，如下右图所示。

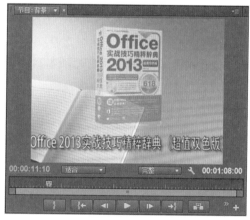

03 单击 "字幕04" 素材，拖动时间滑块到00:00:10:00处，打开 "效果控件" 面板，给 "字幕04" 添加第一个关键帧，设置 "不透明度" 为0%；在00:00:13:00处，添加第二个关键帧，设置 "不透明度" 为100%；在00:00:15:00处，添加第三个关键帧，设置 "不透明度" 为0%，如下左图所示。

04 完成此操作后，在节目监视器中可查看关键帧效果，如下右图所示。

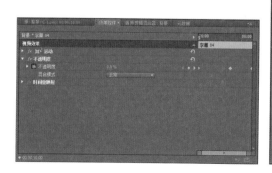
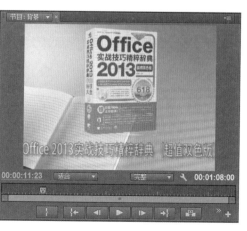

8. 给其他素材添加关键帧

01 用同样的方法在00:00:15:00、00:00:18:00和00:00:20:00处给"C-2.png"和"字幕05"素材分别添加三个关键帧，设置"不透明度"分别为为0%、100%和0%，效果如下左图所示。

02 用同样的方法在00:00:20:00、00:00:23:00和00:00:25:00处给"C-3.png"和"字幕06"素材分别添加三个关键帧，设置"不透明度"分别为为0%、100%和0%，效果如下右图所示。

03 用同样的方法在00:00:25:00、00:00:28:00和00:00:30:00处给"C-4.png"和"字幕07"素材分别添加三个关键帧，设置"不透明度"分别为为0%、100%和0%，效果如下左图所示。

04 用同样的方法在00:00:30:00、00:00:33:00和00:00:35:00处给"C-5.png"和"字幕08"素材分别添加三个关键帧，设置"不透明度"分别为为0%、100%和0%，效果如下右图所示。

05 用同样的方法在00:00:35:00、00:00:38:00和00:00:40:00处给"C-6.png"和"字幕09"素材分别添加三个关键帧，设置"不透明度"分别为0%、100%和0%，效果如下左图所示。

06 用同样的方法在00:00:40:00、00:00:43:00和00:00:45:00处给"C-7.png"和"字幕10"素材分别添加三个关键帧，设置"不透明度"分别为0%、100%和0%，效果如下右图所示。

07 用同样的方法在00:00:45:00、00:00:48:00和00:00:50:00处给"C-8.png"和"字幕11"素材分别添加三个关键帧，设置"不透明度"分别为0%、100%和0%，效果如右图所示。

08 用同样的方法在00:00:50:00、00:00:53:00和00:00:55:00处给"C-9.png"和"字幕12"素材分别添加三个关键帧，设置"不透明度"分别为0%、100%和0%，效果如下左图所示。

09 用同样的方法在00:00:55:00、00:00:58:00和00:00:60:00处给"辞典.png"素材添加三个关键帧，设置"不透明度"分别为0%、100%和0%，效果如下右图所示。

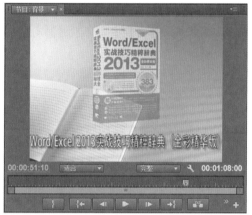 

9.6 为添加的视频素材设置转场

本节将对视频转场效果的运用、转场特效参数的设置等操作进行详细介绍。

1. 添加"交叉缩放"转场特效

01 在"效果"面板中展开"视频过渡 > 缩放"卷展栏，选择其中的"交叉缩放"转场特效，如下左图所示。

02 将"交叉缩放"转场特效添加到"C-1.png"素材起始处，如下右图所示。

2. 设置"交叉缩放"转场特效参数

01 选中"C-1.png"素材中的"交叉缩放"特效，在"效果控件"面板中设置"持续时间"为00:00:02:00，如下左图所示。

02 打开节目监视器面板，在该面板中浏览转场特效的效果，如下右图所示。

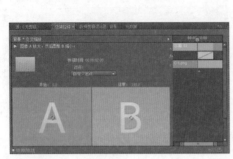 

3. 添加"摆入"转场特效

01 在"效果"面板中展开"视频过渡>3D运动"卷展栏，选择其中的"摆入"转场特效添加到"C-2.png"素材起始处，如下左图所示。

02 在"效果控件"面板中设置"C-2.png"素材中的"交叉缩放"特效参数，"持续时间"为00:00:02:00，效果如下右图所示。

4. 为"C-3.png"和"C-4.png"视频素材添加转场特效

01 在"效果"面板中展开"视频过渡>划像"卷展栏，将"星形划像"转场特效添加到"C-3.png"素材起始处，在"效果控件"面板中，设置"持续时间"为00:00:02:00，效果如下左图所示。

02 在"效果"面板中展开"视频过渡>滑动"卷展栏，将"旋绕"转场特效添加到"C-4.png"素材起始处，在"效果控件"面板中，设置"持续时间"为00:00:02:00，效果如下右图所示。

5. 为 "C-5.png" 和 "C-6.png" 视频素材添加转场特效

01 在 "效果" 面板中展开 "视频过渡>划像" 卷展栏，将 "星形划像" 转场特效添加到 "C-5.png" 素材起始处，在 "效果控件" 面板中，设置 "持续时间" 为00:00:02:00，效果如下左图所示。

02 在 "效果" 面板中展开 "视频过渡>滑动" 卷展栏，将 "旋绕" 转场特效添加到 "C-6.png" 素材起始处，在 "效果控件" 面板中，设置 "持续时间" 为00:00:02:00，效果如下右图所示。

6. 为 "C-7.png" 和 "C-8.png" 视频素材添加转场特效

01 在 "效果" 面板中展开 "视频过渡>滑动" 卷展栏，将 "推" 转场特效添加到 "C-7.png" 素材起始处，在 "效果控件" 面板中，设置 "持续时间" 为00:00:02:00，效果如下左图所示。

02 在 "效果" 面板中展开 "视频过渡>滑动" 卷展栏，将 "斜线滑动" 转场特效添加到 "C-8.png" 素材起始处，在 "效果控件" 面板中，设置 "持续时间" 为00:00:02:00，效果如下右图所示。

7. 为 "C-9.png" 和 "辞典.png" 视频素材添加转场特效

01 在 "效果" 面板中展开 "视频过渡>滑动" 卷展栏，将 "多旋转" 转场特效添加到 "C-9.png" 素材起始处，在 "效果控件" 面板中，设置 "持续时间" 为00:00:02:00，效果如下左图所示。

02 在 "效果" 面板中展开 "视频过渡>滑动" 卷展栏，将 "滑动框" 转场特效添加到 "辞典.png" 素材起始处，在 "效果控件" 面板中，设置 "持续时间" 为00:00:02:00，效果如下右图所示。

9.7 为视频素材添加视频特效

本节将对"镜头光晕"视频特效的添加以及其参数设置，关键帧效果的运用等操作进行详细介绍。

1. 添加"镜头光晕"视频特效

01 在"效果"面板中，依次展开"视频效果>生成"卷展栏，选择"镜头光晕"视频效果，如下左图所示。

02 将"镜头光晕"特效拖曳到时间轴面板中V1轨道上的"1.jpg"素材上，在"效果控件"面板中，设置"光晕中心"为（700,230），"光晕亮度"为120%，如下右图所示。

 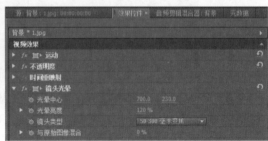

2. 添加特效关键帧

01 打开"效果控件"面板，拖动时间滑块到00:00:00:00处，添加"光晕中心"、"光晕亮度"关键帧，设置"光晕中心"为（700,230），"光晕亮度"为120%，如下左图所示。

02 继续拖动时间滑块到00:00:10:00处，添加"光晕中心"、"光晕亮度"第二个关键帧，设置"光晕中心"为（500,500），"光晕亮度"为100%，如下右图所示。

3. 添加第三个和第四个关键帧

01 拖动时间滑块到00:00:20:00处，添加"光晕中心"、"光晕亮度"第三个关键帧，设置"光晕中心"为（300,500），"光晕亮度"为120%，如下左图所示。

02 拖动时间滑块到00:00:40:00处，添加"光晕中心"、"光晕亮度"第四个关键帧，设置"光晕中心"为（500,250），"光晕亮度"为100%，如下右图所示。

4. 添加第五个关键帧

01 拖动时间滑块到00:01:00:00处，添加"光晕中心"、"光晕亮度"第五个关键帧，设置"光晕中心"为（700, 230），"光晕亮度"为120%，如下左图所示。

02 添加完关键帧后，即可观看预览效果，如下右图所示。

9.8 创建结尾字幕

本节将对字幕的添加及其字幕属性的设置，剃刀的使用等操作进行详细介绍。

1. 创建字幕

01 新建一个名为"字幕13"的字幕，在字幕设计器面板中输入文字，如下左图所示。

02 打开"字幕属性"面板设置"不透明度"为100%，"X位置"为400，"X位置"为250，"宽度"为750，"高度"为100，"字体系列"为Adobe楷体，"字体大小"为100，如下右图所示。

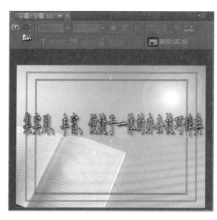 

03 给"字幕13"添加"外描边"效果，设置"大小"为20，添加"阴影"效果，参数设置如下左图所示。

04 用同样的方法创建一个名为"字幕14"的字幕，参数设置与"字幕13"相同，如下右图所示。

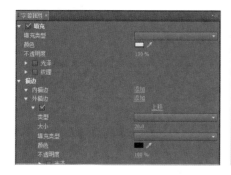 

2. 将字幕插入时间线并设置持续时间

01 关闭字幕设计器面板，打开"项目"面板，将"字幕13"和"字幕14"插入到"时间线"面板中的V2轨道中，如下左图所示。

02 设置两个字幕的"持续时间"为00:00:04:00，如下右图所示。

3. 给字幕添加关键帧

01 打开"效果控件"面板，拖动时间滑块到00:01:00:00处，为"字幕13"添加关键帧，设置"位置"为（1060,288），"不透明度"为0%；将时间滑块移至00:01:02:00处，添加第二个关键帧，设置"位置"为（360,288），"不透明度"为100%，如下图所示。

02 用同样的方法给"字幕14"添加关键帧，在00:01:04:00处添加关键帧设置"不透明度"为0%；在00:01:06:00处添加第二个关键帧，设置"不透明度"为100%；在00:01:08:00处添加第三个关键帧，设置"不透明度"为0%，如下图所示。

4. 删除多余的背景音乐和素材

01 单击工具栏里的"剃刀工具"按钮，如下左图所示。

02 用剃刀工具分割"1.mp3"和"1.jpg"，并将多余的部分删除。

9.9　导出成品影片

本节将对影片的导出，导出格式的设置，视频参数的设置等操作进行详细介绍。

01 按Ctrl+M组合键，打开"导出设置"对话框，设置"格式"为AVI，"预设"为PAL DV，如下左图所示。

02 单击"输出名称"选项，在弹出的"另存为"对话框中设置导出文件的保存路径及文件名为"图书宣传"，如下右图所示。

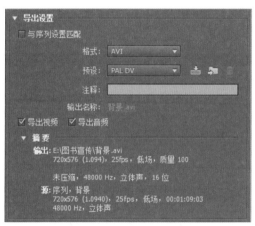
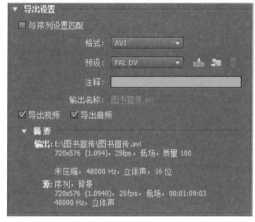

03 返回"导出设置"对话框，单击对话框右下角的"导出"按钮，弹出"编码背景"对话框，开始导出编码文件，如下左图所示。

04 返回文件夹，即可看到导出来的视频文件，如下右图所示。

Chapter **10** 制作网络微视频

本章概述

本案例主要讲解了环保宣传短片的制作,从环境污染现状入手,呼吁广大人民保护环境,从小事做起,从现在做起。本案例主要运用到的知识点有多轨道素材的插入,利用关键帧制作转换动画效果,动态字幕的创建以及视频效果的添加等。

核心知识点

❶ 设置新建项目参数
❷ 设计动画
❸ 字幕的创建和设置
❹ 项目导出设置

10.1 创意构思

环境是人类生存和发展的基本前提,为我们生存和发展提供必需的资源和条件。随着社会经济的发展,环境遭受到了前所未有的破坏,环境问题已成为一个不可回避的重要问题。保护环境,减轻环境污染,给我们的子孙后代留下一个绿色的家园。本章将运用前面所介绍的知识制作一个环保宣传微视频。

由于本例是宣传环保为主题,因此可以使用环境图片展示和字幕介绍相结合的画面,并添加一些宣传口号。节奏效果由快到慢,本实例最终完成后的部分画面如下所示。

10.2 新建项目与导入素材

本节将对项目的新建，素材的导入方式，音频轨道参数的设置，静止持续时间参数的设置，字幕的创建，基于字幕新建字幕以及图形字幕设置等操作进行详细介绍。

1. 新建项目并设置音频轨道参数

01 新建项目，在"新建序列"对话框中设置项目序列参数，如下左图所示。

02 在"新建序列"对话框中打开"轨道"选项卡，从中设置轨道参数，如下右图所示。

 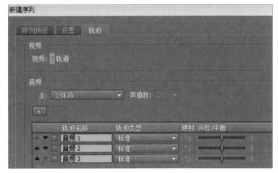

2. 设置静帧持续时间参数

01 依次执行 "编辑>首选项>常规"命令，如下左图所示。

02 打开"首选项"对话框，切换至"常规"选项卡，设置"静止图像默认持续时间"参数为125，如下右图所示。

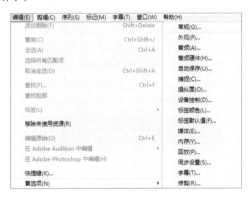 

3. 导入素材

01 在进入Premiere的工作界面之后，依次执行"文件>导入"命令，如下左图所示。

02 弹出"导入"对话框，从中选择"第十章"文件夹中的所有素材，单击"打开"按钮，将选择的素材导入到项目面板中，如下右图所示。

4. 创建字幕

01 按Ctrl+T组合键，在弹出的"新建字幕"对话框中设置"视频设置"参数，"名称"为"字幕01"，设置完成后单击"确定"按钮，如下左图所示。

02 打开"字幕01"的字幕设计器面板，使用输入工具输入"环境日益恶化 物种濒临灭绝"文字，如下右图所示。

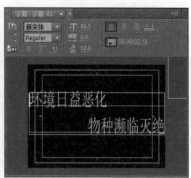

03 打开"字幕属性"面板并设置相关的参数，如下左图所示。

04 执行上述操作之后，在工作区中显示字幕效果，如下右图所示。

05 按Ctrl+T组合键，新建"字幕02"，在字幕设计器面板中选择"椭圆工具"，如下左图所示。

06 在字幕面板中绘制一个椭圆，在"字幕属性"面板中设置参数，如下右图所示。

07 上述操作完成后，即可预览效果，如下左图所示。

08 按Ctrl+C组合键复制"字幕02"，按Ctrl+V组合键进行粘贴，在字幕面板中调整位置，如下右图所示。

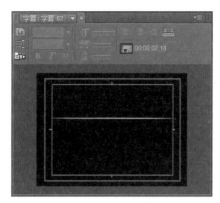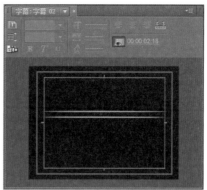

09 用同样的方法新建字幕"土壤破坏"，如下左图所示。

10 在弹出的 字幕设计器面板中用"椭圆工具"绘制正圆，并设置参数，如下右图所示。

11 在字幕面板中再选择输入工具，输入"土壤破坏"，并设置其属性参数，如下左图所示。

12 执行上述操作之后，在工作区中显示字幕效果，如下右图所示。

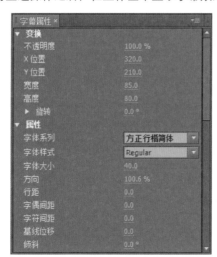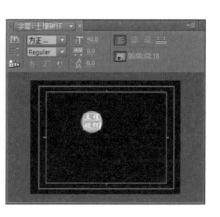

13 单击"基于当前字幕新建字幕"按钮,新建字幕"乱砍滥伐",如下左图所示。

14 在字幕设计器面板中,选中正圆形,设置字幕属性参数,如下右图所示。

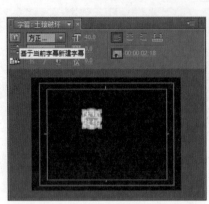

15 选择输入工具,将文字"土壤破坏"更改为"乱砍滥伐",在"字幕属性"面板中设置相关参数,如下左图所示。

16 执行上述操作之后,在工作区中显示字幕效果,如下右图所示。

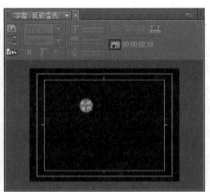

17 用同样的方法,新建字幕"污水排放",在字幕设计器面板中,选中正圆形,设置字幕属性参数,如下左图所示。

18 将文字"乱砍滥伐"更改为"污水排放",并设置字幕属性参数,如下右图所示。

19 用同样的方法，新建字幕"汽车尾气"，在字幕设计器面板中，选中正圆形，在"字幕属性"面板中设置参数，如下左图所示。

20 将文字"污水排放"更改为"汽车尾气"，并设置字幕属性参数，如下右图所示。

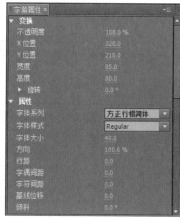

21 用同样的方法，新建字幕"空气污染"，在字幕设计器面板中，选中正圆形，在"字幕属性"面板中设置参数，如下左图所示。

22 将文字"尾气排放"更改为"空气污染"，并设置字幕属性参数，如下右图所示。

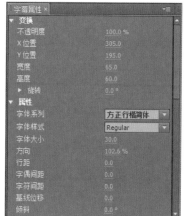

23 按Ctrl+T组合键，新建字幕"宣传语1"，在弹出的字幕设计器面板中输入文字，如下左图所示。

24 打开"字幕属性"面板，设置"宣传语1"字幕参数，如下右图所示。

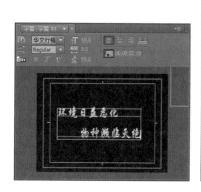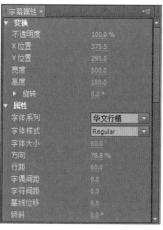

25 用同样的方法新建字幕"宣传语2"，在弹出的字幕设计器面板中输入文字，在"字幕属性"面板中设置参数，如下左图所示。

26 执行上述操作之后，在工作区中显示字幕效果，如下右图所示。

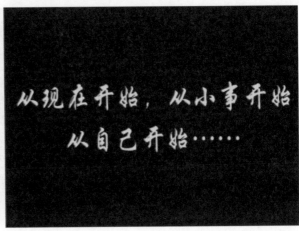

10.3　设计动画

本节将对视频效果的运用，视频转场效果的设置，关键帧的运用以及视频播放速度设置等操作进行详细介绍。

1. 添加片头素材并设置转换效果

01 打开项目面板，在面板中选择"字幕01"素材文件，如下左图所示。

02 将"字幕02"插入到"序列01"的V1轨道中，如下右图所示。

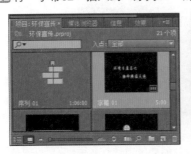

03 打开"效果控件"面板，设置"字幕01"的位置为（360,330），如下左图所示。

04 在"效果"面板中展开"视频过渡>页面剥落"卷展栏，选择"卷走"视频过渡效果，如下右图所示。

05 将"卷走"视频过渡效果添加到"字幕02"开始位置，设置为"自东向西"运动，"持续时间"为00:00:02:00，如下左图所示。

06 执行上述操作之后，在工作区中显示字幕效果，如下右图所示。

 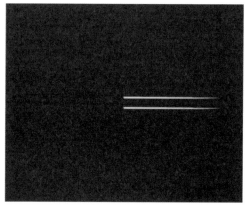

07 用同样的方法在V2轨道上添加"字幕02"素材，并添加"卷走"视频过渡效果如下左图所示。

08 执行上述操作之后，在工作区中显示字幕效果，如下右图所示。

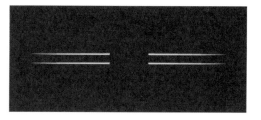

09 打开项目面板，选择"字幕01"素材文件，并将其拖至V3轨道上，如下左图所示。

10 设置"字幕01"的"持续时间"为00:00:03:00，如下右图所示。

11 在"效果"面板中展开"视频过渡>溶解"卷展栏，选择"交叉溶解"视频过渡效果，添加到"字幕01"开始处，如下左图所示。

12 设置"交叉溶解"视频过渡效果的持续时间为00:00:02:00，效果如下右图所示。

13 把时间指示器拖至00:00:00:10的位置，在项目面板中选择"大象.jpg"拖至V4轨道上，如下左图所示。

14 将"大象.jpg"拖到与"字幕02"时间线对齐，如下左图所示。

15 打开"效果控件"面板，在00:00:02:00处添加关键帧，位置为（360，90），缩放为0%；在00:00:03:00处添加关键帧，位置为（360，75），缩放为30%；在00:00:04:00处添加关键帧，位置为（360，430），如下左图所示。

16 执行上述操作之后，在工作区中显示效果，如下右图所示。

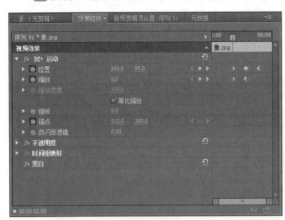
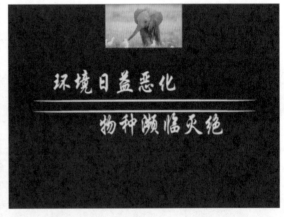

17 在"效果"面板中展开"视频效果>图像控制"卷展栏，选择"黑白"视频过渡效果，添加到"大象jpg"上，如下左图所示。

18 执行上述操作之后，在工作区中显示效果，如下右图所示。

⑲ 用同样的方法将"森林.jpg"拖到V5轨道的00:00:02:00处，并使其和"大象.jpg"的时间线对齐，如下左图所示。

⑳ 用同样的方法在00:00:03:00处，添加第二个关键帧，位置为（360，-90），缩放为0%；在00:00:04:00处，添加第二个关键帧，位置为（360，140），如下右图所示。

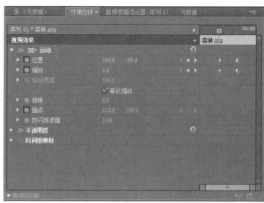

㉑ 执行上述操作之后，在工作区中显示效果，如下右图所示。

㉒ 用同样的方法给"森林.jpg"添加"黑白"视频过渡效果，如下左图所示。

2. 添加主体素材并设置转换效果

① 把时间指示器拖至00:00:05:00的位置，将"小草.jpg"添加到V1轨道上时间指示器位置，设置持续时间为00:00:10:00，如下左图所示。

② 在"效果"面板中展开"视频过渡 > 擦除"卷展栏，选择"油漆泼溅"视频过渡效果，添加到"小草.jpg"开始处，打开"效果控件"面板并设置"持续时间"为00:00:10:00，如下右图所示。

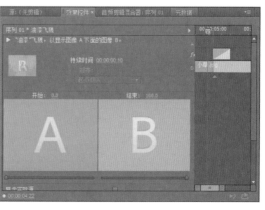

03 执行上述操作之后，在工作区中显示效果，如下左图所示。

04 在"效果"面板中展开"视频效果>颜色矫正"卷展栏，选择"色调"视频过渡效果，添加到"小草.jpg"上，如下右图所示。

05 打开"效果控件"面板，在00:00:05:10处添加关键帧，设置着色量为0%；在00:00:08:00处添加关键帧，设置着色量为100%，如下左图所示。

06 执行上述操作之后，在工作区中显示效果，如下右图所示。

07 将"土壤破坏.jpg"、"乱砍滥伐.jpg"、"污水排放.jpg"、"尾气排放.jpg"、"空气污染.jpg"依次添加到V1轨道上"小草.jpg"文件后，如下左图所示。

08 执行上述操作之后，在工作区中显示效果，如下右图所示。

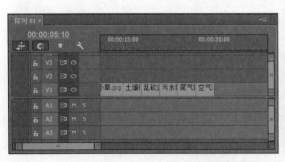

中文版Premiere Pro CC艺术设计实训案例教程

09 把时间指示器拖至00:00:05:10的位置,将"土壤破坏"字幕素材添加到V2轨道上时间指示器位置,设置持续时间为00:00:24:15,如下左图所示。

10 打开"效果控件"面板,在00:00:05:10处添加关键帧,位置为(650,450),缩放为50%,不透明度为0%;在00:00:06:10处添加关键帧,位置为(390,220),缩放为100%,不透明度为100%,如下左图所示。

11 继续在00:00:11:10处添加关键帧,位置为(390,220),缩放为100%;在00:00:14:10处添加关键帧,位置为(120,580),缩放为70%,如下左图所示。

12 然后在00:00:15:00处添加关键帧,缩放为95%;在00:00:15:20处添加关键帧,缩放为70%,如下右图所示。

13 执行上述操作之后,在工作区中显示效果,如下左图所示。

14 用同样的方法将"乱砍滥伐"字幕素材添加到V3轨道上,并拖至与"土壤破坏"字幕素材对齐,如下右图所示。

15 用同样的方法在00:00:06:10处添加关键帧，位置为（650,450），缩放为100%，透明度为0%；在00:00:07:10处添加关键帧，位置为（720,210），缩放为50%，透明度为100%，如下左图所示。

16 继续在00:00:11:10处添加关键帧，位置为（720,210），缩放为100%；在00:00:14:10处添加关键帧，位置为（250,635），缩放为110%，如下右图所示。

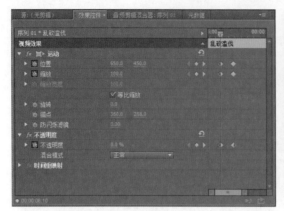 

17 然后在00:00:17:10处添加关键帧，缩放为110%；在00:00:18:00处添加关键帧，缩放为140%；在00:00:18:20处添加关键帧，缩放为110%，如下左图所示。

18 执行上述操作之后，在工作区中显示效果，如下右图所示。

19 用同样的方法将"污水排放"字幕素材添加到V4轨道上，并拖至与"土壤破坏"字幕素材对齐，如下左图所示。

20 用同样的方法在00:00:07:10处添加关键帧，位置为（650,450），缩放为50%，透明度为0%；在00:00:08:10处添加关键帧，位置为（160,220），缩放为100%，透明度为100%，如下右图所示。

 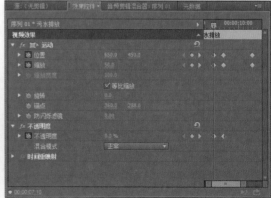

21 继续在00:00:11: 10处添加关键帧,位置为(160, 220),缩放为100%;在00:00:14:10处添加关键帧,位置为(305, 600),缩放为85%,如下左图所示。

22 然后在00:00:20:10处添加关键帧,缩放为85%;在00:00:21:00处添加关键帧,缩放为120%;在00:00:21:20处添加关键帧,缩放为85%,如下右图所示。

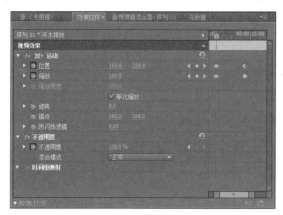 

23 执行上述操作之后,在工作区中显示效果,如下左图所示。

24 用同样的方法将"汽车尾气"字幕素材添加到V5轨道上,并拖至与"土壤破坏"字幕素材对齐,如下左图所示。

25 用同样的方法在00:00:08:10处添加关键帧,位置为(650, 450),缩放为50%,透明度为0%;在00:00:09:10处添加关键帧,位置为(280, 360),缩放为100%,透明度为100%;如下左图所示。

26 继续在00:00:11:10处添加关键帧,位置为(280, 360),缩放为100%;在00:00:14:10处添加关键帧,位置为(375, 585),缩放为75%,如下右图所示。

27 然后在00:00:23:10处添加关键帧，缩放为75%；在00:00:24:00处添加关键帧，缩放为110%；在00:00:24:20处添加关键帧，缩放为75%，如下左图所示。

28 执行上述操作之后，在工作区中显示效果，如下左图所示。

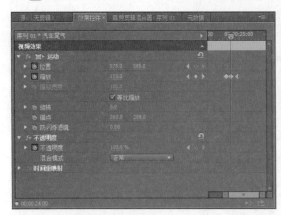

29 用同样的方法将"空气污染"字幕素材添加到V6轨道上，并拖至与"土壤破坏"字幕素材对齐，如下左图所示。

30 用同样的方法在00:00:09:10处添加关键帧，位置为（650，450），缩放为50%，透明度为0%；在00:00:10:10处添加关键帧，位置为（600，300），缩放为100%，透明度为100%，如下右图所示。

31 继续在00:00:11:10处添加关键帧，位置为（600，300），缩放为100%；在00:00:14:10处添加关键帧，位置为（490，615），缩放为95%，如下左图所示。

32 然后在00:00:26:10处添加关键帧，缩放为95%；在00:00:27:00处添加关键帧，缩放为130%；在00:00:27:20处添加关键帧，缩放为95%，如下右图所示。

33 执行上述操作之后，在工作区中显示效果，如右图所示。

3. 添加片尾素材并设置转换效果

01 打开项目面板并选择"宣传语1"字幕文件，然后将其添加到V1轨道"空气污染.jpg"后，如下左图所示。

02 在"效果"面板中展开"视频过渡>溶解"卷展栏，选择"胶片溶解"视频过渡效果，如下右图所示。

03 将"胶片溶解"视频过渡效果添加到"宣传语1"字幕文件的开始位置，设置持续时间为00:00:02:00，如下左图所示。

04 执行上述操作之后，在工作区中显示字幕效果，如下右图所示。

05 打开项目面板并选择"环保.avi"视频文件，然后将其添加到V1轨道"宣传语1"字幕后，如下左图所示。

06 设置播放速度为70%，如下右图所示。

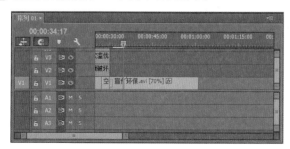
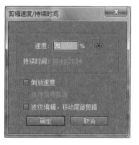

07 打开项目面板并选择"宣传语2"字幕文件，然后将其添加到V1轨道"环保.avi"视频后，如下左图所示。

08 执行上述操作之后，在工作区中显示字幕效果，如下右图所示。

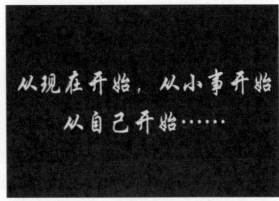

10.4 项目导出

本节将对音频的添加，影片的导出，导出格式的设置，视频参数的设置等操作进行详细介绍。

01 将"背景音乐.mp3"拖入A1轨道，并裁剪使其时间线与视频轨道对齐，如右图所示。

02 按Ctrl+M组合键，打开"导出设置"对话框，设置"格式"为AVI，"输出名称"为"环保宣传"，如右1图所示。

03 返回"编码背景"对话框，单击"导出"按钮，弹出"编码序列 01"对话框，开始导出编码文件，如右2图所示。

04 返回文件夹，即可看到导出来的视频文件，如下左图所示。

05 选择播放器打开，即可观看视频效果，如下右图所示。

中文版Premiere Pro CC艺术设计实训案例教程

218

Chapter **11** 制作抗战影视宣传片

本章概述

2015年是抗日战争胜利70周年，网络上各种抗战影视层出不穷，以此纪念中华儿女英勇抗战的光辉历史。本案例将介绍怎样制作一个抗战影视宣传短片，通过在序列中创建字幕、为素材设置关键帧、应用嵌套序列等操作，从而可以观看到整体的抗战影视宣传视频效果。

核心知识点

❶ 设置新建项目参数与素材导入
❷ 制作字幕
❸ 创建和应用嵌套序列
❹ 编辑素材与导出成品

11.1 创意构思

2015年是中国人民抗日战争暨世界反法西斯战争胜利70周年。在电视荧屏上也出现过层出不穷的抗战影视，展现出中华儿女浴血奋战的英姿。铭记抗战历史，弘扬抗战精神对于每一个中华子孙都是意义重大。本章将运用前面所介绍的知识制作一个抗战影视宣传片。

本例是由影视宣传为主题，因此可以使用节目菜单展示和影视片花展示相结合，并添加一些宣传口号。节奏效果由快到慢，本实例最终完成后的部分画面如下所示。

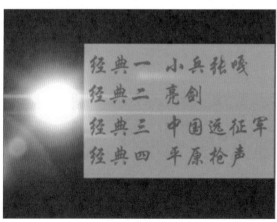
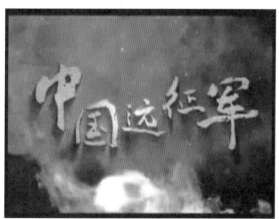

11.2 新建项目

本节将对项目的新建，素材的导入方式，音频轨道参数的设置，静止持续时间参数的设置等操作进行详细介绍。

1. 新建项目并设置音频轨道参数

01 新建项目，在"新建序列"对话框中设置项目序列参数，如下左图所示。

02 在"新建序列"对话框中打开"轨道"选项卡，从中设置轨道参数，如下右图所示。

2. 设置静止持续时间参数

01 依次执行 "编辑>首选项>常规"命令，如下左图所示。

02 打开"首选项"对话框，切换至"常规"选项卡，设置"静止图像默认持续时间"参数为125，如下右图所示。

3. 导入素材

01 在进入Premiere的工作界面之后，依次执行"文件>导入"命令，如下左图所示。

02 弹出"导入"对话框，从中选择"第十一章"文件夹中的所有素材，单击"打开"按钮，将选择的素材导入到项目面板中，如下右图所示。

 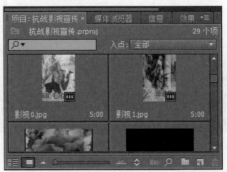

11.3　制作字幕

本节将对字幕的创建和设置，文字字幕和图形字幕的运用及字幕动画的设置等操作进行详细介绍。

1. 建立文字对象

01 按Ctrl+T组合键，在弹出的"新建字幕"对话框中设置"视频设置"参数，字幕名称为"抗战影视"，设置完成后单击"确定"按钮，如下左图所示。

02 打开字幕设计器面板，使用输入工具输入"抗战影视"文字，打开"字幕属性"面板中"属性"参数，如下右图所示。

03 设置"字幕属性"面板中的"填充"参数，如下左图所示。

04 执行上述操作之后，在工作区中显示字幕效果，如下右图所示（本章所有字幕背景颜色仅为突出显示效果）。

 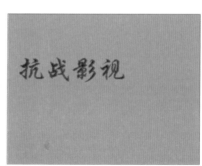

05 用同样的方法新建字幕"口号一"，在打开的字幕设计器面板中使用"垂直文字工具"输入"勇往直前 宁死不屈"文字，如下左图所示。

06 设置"字幕属性"面板中"属性"的参数，如下右图所示。

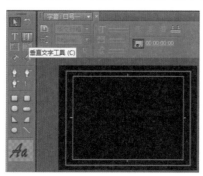 

07 设置"字幕属性"面板中的"填充"参数，如下左图所示。

08 执行上述操作之后，在工作区中显示字幕效果，如下右图所示。

09 同理，新建字幕"口号二"，打开"字幕属性"面板，然后设置"属性"参数，"填充"参数和
"口号一"参数相同，如下左图所示。

10 执行上述操作之后，在工作区中显示字幕效果，如下右图所示。

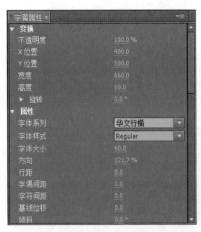

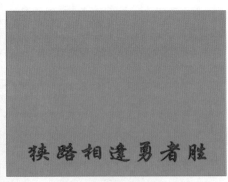

11 新建字幕"口号三"，打开"字幕属性"面板，然后设置"属性"参数，"填充"参数和"口号
一"参数相同，如下左图所示。

12 执行上述操作之后，在工作区中显示字幕效果，如下右图所示。

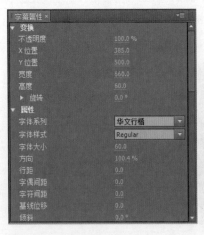

⓭ 新建字幕"口号四",打开"字幕属性"面板,然后设置"属性"参数,"填充"参数和"口号
一"参数相同,如下左图所示。

⓮ 执行上述操作之后,在工作区中显示字幕效果,如下右图所示。

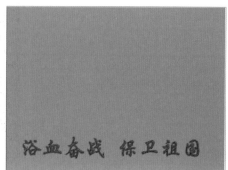

⓯ 新建字幕"宣传1",打开"字幕属性"面板,然后设置"属性"参数,如下左图所示。

⓰ 执行上述操作之后,在工作区中显示字幕效果,如下右图所示。

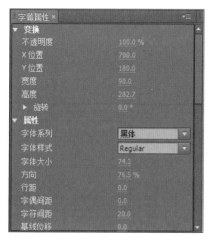

⓱ 新建字幕"宣传2",打开"字幕属性"面板,然后设置"属性"参数,如下左图所示。

⓲ 执行上述操作之后,在工作区中显示字幕效果,如下右图所示。

19 新建字幕"宣传3"，打开"字幕属性"面板，然后设置"属性"参数，如下左图所示。

20 执行上述操作之后，在工作区中显示字幕效果，如下右图所示。

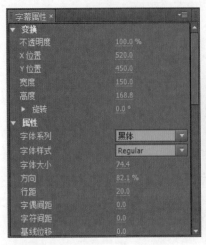

2. 建立图形物体

01 按Ctrl+T组合键，在弹出的"新建字幕"对话框中设置"视频设置"参数，字幕名称为"底纹"，设置完成后单击"确定"按钮，如下左图所示。

02 打开字幕设计器面板，选择"矩形工具"，如下右图所示。

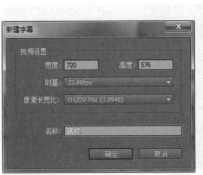
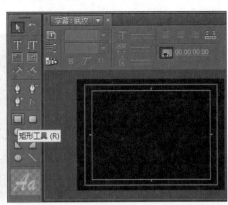

03 在字幕面板中绘制一个矩形，设置字幕属性参数，如下左图所示。

04 上述操作完成后，即可在工作区预览字幕效果，如下右图所示。

中文版Premiere Pro CC艺术设计实训案例教程

224

05 按Ctrl+T组合键，在弹出的"新建字幕"对话框中设置参数，设置完成后单击"确定"按钮，如下左图所示。

06 打开字幕设计器面板，选择"直线工具"，如下右图所示。

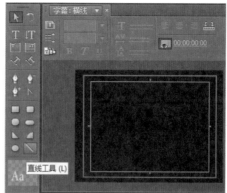

07 在字幕面板中绘制一条直线，设置字幕属性参数，如下左图所示。

08 上述操作完成后，即可在工作区预览字幕效果，如下右图所示。

09 用同样的方法新建字幕"竖线"，在字幕面板中用"直线工具"绘制一条直线，并设置字幕属性参数，如下左图所示。

10 上述操作完成后，即可在工作区预览字幕效果，如下右图所示。

11.4 嵌套序列

本节将对嵌套序列的创建和应用、在新建的序列中嵌套序列文件的具体操作进行详细介绍。

1. 制作宣传展示序列

01 在菜单栏中依次执行"文件>新建>序列"命令，如下左图所示。

02 在"新建序列"对话框中设置项目序列参数，如下右图所示。

03 打开项目面板，在面板中选择"影视胶片.jpg"素材文件，如下左图所示。

04 将"影视胶片.jpg"素材插入到"宣传展示"序列的V1轨道中，如下右图所示。

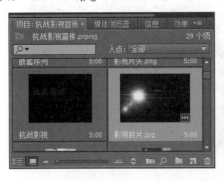

05 用同样的方法将"横线"字幕文件、"竖线"字幕文件、"影视0.jpg"文件分别插入到V2、V3和V4轨道中，时间线与"影视胶片.jpg"素材对齐，如下左图所示。

06 上述操作完成后，即可在工作区预览效果，如下右图所示。

07 在00:00:01:00处，用同样的方法将"横线"字幕文件、"竖线"字幕文件、"影视1.jpg"文件分别插入到V5、V6和V7轨道中，时间线与"影视胶片.jpg"素材结束处对齐，如下左图所示。

08 上述操作完成后，即可在工作区预览效果，如下右图所示。

09 将时间指示器拖至00:00:02:00处，同样方法将"宣传1"字幕文件、"影视2.jpg"文件、"竖线"字幕文件分别插入到V8、V9和V10轨道中，时间线与"影视胶片.jpg"素材结束处对齐，如下左图所示。

10 将时间指示器拖至00:00:03:00处，用同样的方法将"宣传5"字幕文件插入到V11轨道中，时间线与"影视胶片.jpg"素材结束处对齐，如下右图所示。

11 在00:00:04:00处，用同样的方法将"宣传6"字幕文件插入到V12轨道中，时间线与"影视胶片.jpg"素材结束处对齐，如下左图所示。

12 上述操作完成后，即可在工作区预览效果，如下右图所示。

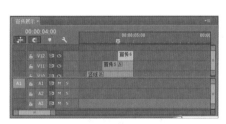

13 选中"横线"字幕文件，在00:00:00:00处添加关键帧，位置为（1080, 270）；在00:00:01:00处添加关键帧，位置为（900, 270）；在00:00:02:00处添加关键帧，位置为（700, 270）；在00:00:03:00处添加关键帧，位置为（400, 270）；在00:00:04:00处添加关键帧，位置为（360, 270），如下左图所示。

14 上述操作完成后，即可在工作区预览效果，如下右图所示。

15 选中"竖线"字幕文件,在00:00:00:00处添加关键帧,位置为(770,860);在00:00:01:00处添加关键帧,位置为(770,600);在00:00:02:00处添加关键帧,位置为(700,280),如下左图所示。

16 上述操作完成后,即可在工作区预览效果,如下右图所示。

17 选中"影视0.jpg"文件,在00:00:00:00处添加关键帧,不透明度为0%;在00:00:01:00处添加关键帧,不透明度为0%,如下左图所示。

18 上述操作完成后,即可在工作区预览效果,如下右图所示。

19 选中"横线"字幕文件,在00:00:01:00处添加关键帧,位置为(1080,-40);在00:00:02:00处添加关键帧,位置为(700,-40);在00:00:04:00处添加关键帧,位置为(360,-40),如下左图所示。

20 上述操作完成后,即可在工作区预览效果,如下右图所示。

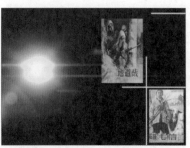

21 选中"竖线"字幕文件,在00:00:01:00处添加关键帧,位置为(580,-290);在00:00:02:00处添加关键帧,位置为(580,80);在00:00:04:00处添加关键帧,位置为(580,280),如下左图所示。

22 上述操作完成后,即可在工作区预览效果,如下右图所示。

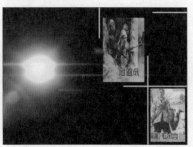

23 选中"影视1.jpg"字幕文件，在00:00:01:05处添加关键帧，缩放为0%；在00:00:02:00处添加关键帧，缩放为100%，如下左图所示。

24 上述操作完成后，即可在工作区预览效果，如下右图所示。

25 选中"影视2.jpg"文件，在00:00:02:10处添加关键帧，位置为（210，690）；在00:00:03:10处添加关键帧，位置为（210，450），如下左图所示。

26 上述操作完成后，即可在工作区预览效果，如下右图所示。

27 选中"竖线"字幕文件，在00:00:02:10处添加关键帧，位置为（260，860）；在00:00:03:10处添加关键帧，位置为（260，600）；在00:00:04:00处添加关键帧，位置为（260，290），如下左图所示。

28 上述操作完成后，即可在工作区预览效果，如下右图所示。

2. 制作节目菜单序列

01 新建序列，名称为"节目菜单"，如下左图所示。

02 打开项目面板，用同样的方法将 "影视胶片.jpg" 素材文件插入到"节目菜单"序列的V1轨道中，如下右图所示。

03 设置"影视胶片.jpg"持续时间为00:00:03:00，如下左图所示。

04 将"底纹"字幕文件插入到V2轨道中，时间线与"影视胶片.jpg"对齐，如下右图所示。

05 将"经典一"字幕文件插入到V3轨道中，如下左图所示。

06 设置持续时间为00:00:01:10，效果如下右图所示。

07 将"经典二"、"经典三"、"经典四"字幕文件分别插入到V4、V5、V6轨道中，设置持续时间都为00:00:01:10，如右图所示。

08 设上述操作完成后，即可在工作区预览效果，如右图所示。

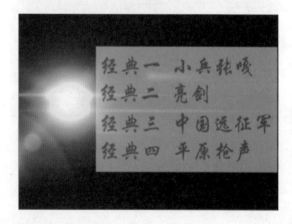

11.5 编辑素材

本节将对如何进行素材的编辑与加工做详细的介绍。

01 新建序列，名称为"嵌套序列"，如下左图所示。

02 打开项目面板，用同样的方法将"影视片头.jpg"素材文件插入到"嵌套序列"序列的V1轨道开始处，如下右图所示。

中文版Premiere Pro CC艺术设计实训案例教程

03 将 "抗战影视" 字幕文件插入到 "嵌套序列" 序列的V2轨道开始处，如下左图所示。

04 打开 "效果" 面板，依次展开 "视频过渡>滑动" 卷展栏，选择 "旋绕" 效果，如下右图所示。

05 将 "旋绕" 视频过渡效果添加到 "抗战影视" 字幕文件开始处，并设置持续时间为00:00:02:00，如下左图所示。

06 上述操作完成后，即可在工作区预览效果，如下右图所示。

07 将时间指示器拖至00:00:05:00处，打开项目面板，将 "宣传展示" 序列文件插入到V1轨道时间指示器处，如下左图所示。

08 将时间指示器拖至00:00:10:00处，用同样的方法将 "节目菜单" 序列文件插入到V1轨道时间指示器处，如下右图所示。

09 在00:00:11:10处，将 "经典一" 字幕文件插入到V2轨道时间指示器处，时间线与 "节目菜单" 序列文件对齐，如下左图所示。

10 选择 "经典一" 字幕文件，在00:00:11:10处添加关键帧，位置为（360, 288），缩放为100%；在00:00:12:00处添加关键帧，位置为（380, 410），缩放为120%；在00:00:12:10处添加关键帧，缩放为100%，如下右图所示。

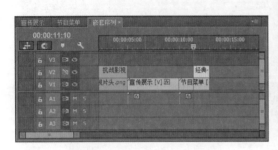

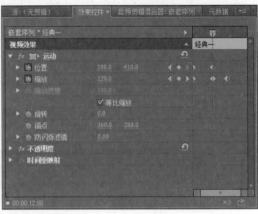

11 上述操作完成后，即可在工作区预览效果，如下左图所示。

12 将时间指示器拖至00:00:12:24处，打开项目面板，将 "小兵张嘎.mp4" 文件插入到时间指示器处，如下右图所示。

13 在00:00:15:00处，将 "口号一" 字幕文件插入到V2轨道的时间指示器处，如下左图所示。

14 打开 "效果" 面板，依次展开 "视频过渡>3D运动" 卷展栏，将 "立方体旋转" 效果添加到 "口号一" 字幕文件开始处，如下右图所示。

15 上述操作完成后，即可在工作区预览效果，如下左图所示。

16 将时间指示器拖至00:00:29:23处，用同样的方法将 "节目菜单" 序列文件插入到V1轨道上，如下右图所示。

中文版Premiere Pro CC艺术设计实训案例教程

17 打开项目面板，将 "经典二" 字幕文件插入到V2轨道，设置持续时间为00:00:15:00，并调整结束处与 "节目菜单" 文件对齐，如下左图所示。

18 选择 "经典二" 字幕文件，在00:00:31:08处添加关键帧，位置为（360，288），缩放为100%；在00:00:31:23处添加关键帧，位置为（460，330），缩放为120%；在00:00:32:08处添加关键帧，缩放为100%，如下右图所示。

19 上述操作完成后，即可在工作区预览效果，如下左图所示。

20 将时间指示器拖至00:00:32:23处，用同样的方法将 "亮剑.mp4" 文件插入到V1轨道上，如下右图所示。

21 在00:01:11:00处，将 "口号二" 字幕文件插入到V2轨道上，如下左图所示。

22 打开 "效果" 面板，依次展开 "视频过渡>擦除" 卷展栏，将 "百叶窗" 视频过渡效果添加到 "口号二" 字幕文件开始处，如下右图所示。

23 上述操作完成后，即可在工作区预览效果，如下左图所示。

24 将时间指示器拖至00:01:41:21处，用同样的方法将 "节目菜单" 序列文件插入到V1轨道时间指示器处，如下右图所示。

25 在00:01:43:06处，将 "经典三" 字幕文件插入到V2轨道时间指示器处，时间线与 "节目菜单" 序列文件对齐，如下左图所示。

26 选择 "经典三" 字幕文件，在00:01:43:06处添加关键帧，位置为（360，288），缩放为100%；在00:01:43:21处添加关键帧，位置为（360，240），缩放为90%；在00:01:44:06处添加关键帧，缩放为100%，如下右图所示。

27 上述操作完成后，即可在工作区预览效果，如下左图所示。

28 将时间指示器拖至00:01:44:21处，打开项目面板，将 "中国远征军.mp4" 文件插到时间指示器处，如下右图所示。

29 在00:02:33:00处，将 "口号三" 字幕文件插到V2轨道的时间指示器处，如下左图所示。

30 打开 "效果" 面板，依次展开 "视频过渡>页面剥落" 卷展栏，将 "翻页" 视频过渡效果添加到 "口号三" 字幕文件开始处，如下右图所示。

31 上述操作完成后，即可在工作区预览效果，如下左图所示。

32 将时间指示器拖至00:03:11:23处，用同样的方法将 "节目菜单" 序列文件插入到V1轨道上，如下右图所示。

33 打开项目面板，将 "经典四" 字幕文件插入到V2轨道，设置持续时间为00:00:15:00，并调整结束处与 "节目菜单" 文件对齐，如下左图所示。

34 选择 "经典四" 字幕文件，在00:03:13:28处添加关键帧，位置为（360, 288），缩放为100%；在00:03:13:23处添加关键帧，位置为（390, 160），缩放为110%；在00:03:14:28处添加关键帧，缩放为100%，如下右图所示。

35 上述操作完成后，即可在工作区预览效果，如下左图所示。

36 将时间指示器拖至00:03:14:23处，用同样的方法将 "平原枪声.mp4" 文件插入到V1轨道上，如下右图所示。

37 在00:04:00:00处，将"口号四"字幕文件插入到V2轨道上，如下左图所示。

38 打开"效果"面板，依次展开"视频过渡＞3D运动"卷展栏，将"旋转"视频过渡效果添加到"口号四"字幕文件开始处，如下右图所示。

39 上述操作完成后，即可在工作区预览效果，如右图所示。

11.6 成品导出

本节将对音频的添加，影片的导出，导出格式的设置，视频参数的设置等操作进行详细介绍。

01 将"背景音乐.mp3"拖入A1轨道，并裁剪使其时间线与视频轨对齐，如下左图所示。

02 按Ctrl＋M组合键，打开"导出设置"对话框，设置"格式"为AVI，"输出名称"为"抗战影视宣传"，如下右图所示。

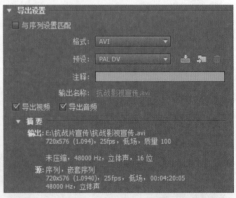

03 返回"编码背景"对话框，单击对话框右下角的"导出"按钮，弹出"编码序列 01"对话框，开始导出编码文件，如右图所示。返回文件夹，即可看到导出来的视频文件。